食品产品开发虚拟仿真

主　编　陈跃文
副主编　崇云青　陈　杰
　　　　田师一　朱　炫

浙江工商大学出版社 | 杭州
ZHEJIANG GONGSHANG UNIVERSITY PRESS

图书在版编目(CIP)数据

食品产品开发虚拟仿真 / 陈跃文主编. —杭州 ：浙江工商大学出版社，2019.1

ISBN 978-7-5178-2788-7

Ⅰ. ①食… Ⅱ. ①陈… Ⅲ. ①食品加工—仿真系统—实验—教材 Ⅳ. ①TS205—33

中国版本图书馆 CIP 数据核字(2018)第 129223 号

食品产品开发虚拟仿真

SHIPIN CHANPIN KAIFA XUNI FANGZHEN

主　编 陈跃文

副主编 崇云青　陈　杰　田师一　朱　炫

责任编辑 吴岳婷
责任校对 陈尧坤
封面设计 林朦朦
责任印制 包建辉
出版发行 浙江工商大学出版社
(杭州市教工路 198 号　邮政编码 310012)
(E-mail：zjgsupress@163.com)
(网址：http://www.zjgsupress.com)
电话：0571－88904980，88831806(传真)
排　　版 杭州朝曦图文设计有限公司
印　　刷 杭州恒力通印务有限公司
开　　本 787mm×1092mm　1/16
印　　张 6.25
字　　数 160 千
版 印 次 2019 年 1 月第 1 版　2019 年 1 月第 1 次印刷
书　　号 ISBN 978-7-5178-2788-7
定　　价 28.00 元

序　言

让学生切实掌握实操技能，把理论与实践融和内化为专业能力，一直是高校实验教学的难点和焦点。产品开发技能训练是食品专业学生全面运用所学基础和专业理论知识的综合性环节，包括原料分析、设备选型、生产线构建、工艺优化、设备操作、产品分析、研究报告编辑等实验教学模块。受制于实验课时、设备种类和台套数等条件，传统式训练的效果离教学目标还存在差距。

我院食品工程与质量安全实验教学中心自 2014 年获批为国家级实验教学示范中心以来，一方面不断提升硬件条件，另一方面不断探索虚实结合提高实验教学质量的新路径，虚拟现实技术正是本中心所采用的新方法。虚拟现实是指利用电脑模拟产生一个三维的虚拟世界，提供使用者关于视觉、听觉等感官的模拟，让使用者如同身临其境一般，可以及时、没有限制地体验三维空间内的事物。虚拟现实技术与传统的实验实践相结合，营造了"自主学习"的环境，使传统的"以教促学"的学习方式发展为学习者通过自身与环境的相互作用来得到知识、技能的新型学习方式。

本示范中心依托平台优势和《食品理化检验实验》《食品感官科学实验》《食品工艺学实验》《食品加工综合实验》《金工实训》《化工原理实验》等传统实验课程教学经验，自主开发了"食品产品开发虚拟仿真实验平台"，该平台可实现从原料到过程、到产品、再到报告等实践模块的教学演示、过程练习、技能考核等功能。经过一年多的试用，平台已取得了很好的应用效果。

本教材是中心规划系列教材之一，是中心建设的重要内容，得到了校、院领导的大力支持，相关教师也付出了大量的心血。该教材为学生提供一个包括原料分析仪器、产品加工设备、产品分析仪器、工艺技术参数等内容在内的资源库，涉及六种典型食品的开发研究和加工过程。学生通过学习，可进一步提升自身的食品产品研发能力及工程设计能力。该教材可用于食品和相关专业学生的教学及从业人员的培训。

由于时间仓促，教材中不免存在不足甚至错误之处，敬请提出宝贵意见，我们将在后续修订中加以改进。

示范中心执行主任　顾振宇 教授

二〇一九年一月

目　录

食品产品创新虚拟仿真系统简介

(一)启动方式

1. 双击 启动软件。

2. 点击“培训项目”,根据教学学习需要点选某一培训项目,然后点击“启动项目”启动软件。具体如图 1 所示。

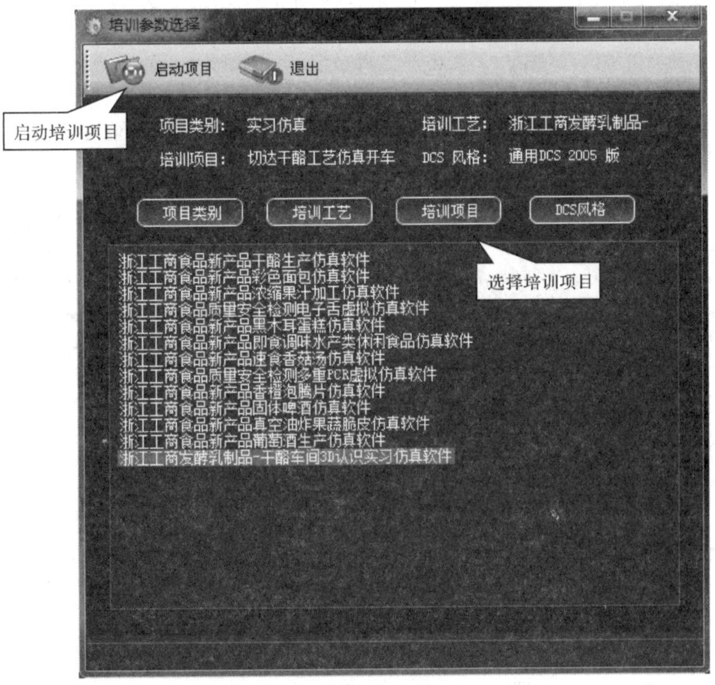

图 1　仿真软件启动

(二)软件运行界面

图 2　3D 场景仿真系统运行界面(a)

图3　3D场景仿真系统运行界面(b)

图4　3D场景仿真系统运行界面(c)

图5　3D场景仿真系统运行界面(d)

图 6　3D 场景仿真系统运行界面(e)

图 7　3D 场景仿真系统运行界面(f)

图 8　3D 场景仿真系统运行界面(g)

图 9　3D 场景仿真系统运行界面(h)

图 10　3D 场景仿真系统运行界面(i)

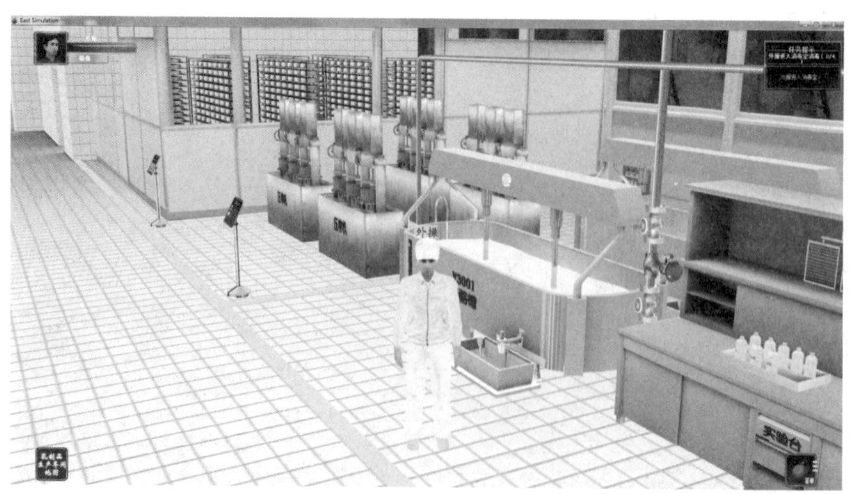

图 11　3D 场景仿真系统运行界面(j)

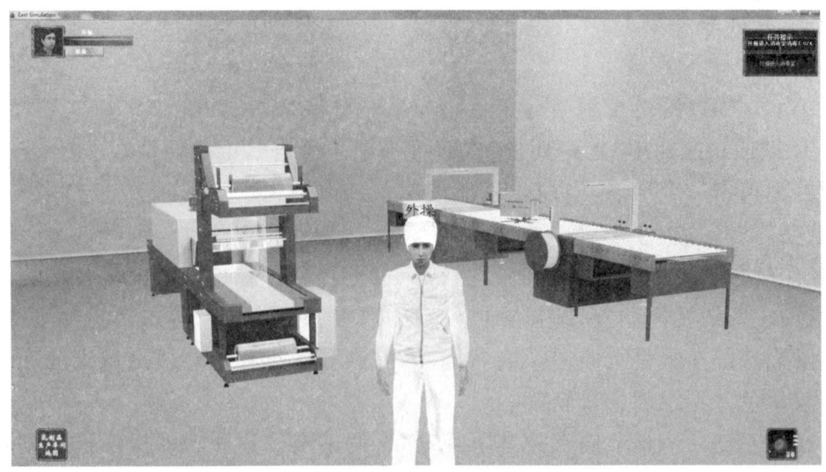

图 12　3D 场景仿真系统运行界面(k)

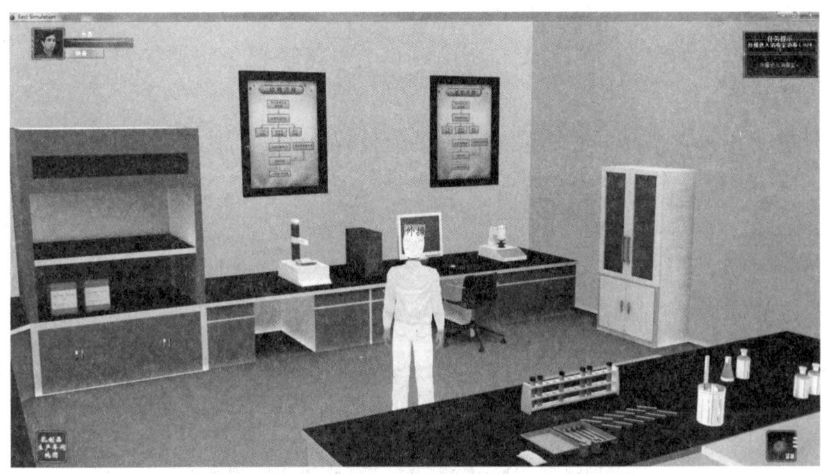

图 13　3D 场景仿真系统运行界面(l)

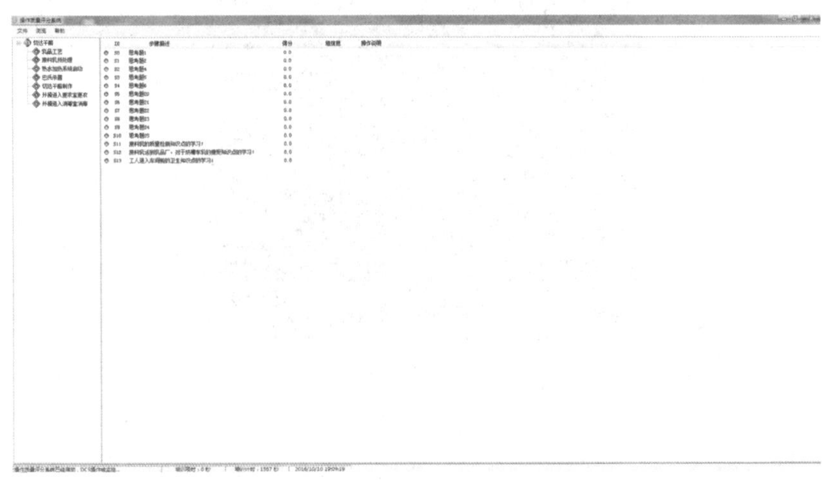

图 14　操作质量评分系统运行界面

(三)3D 场景仿真系统介绍

1. 移动方式

(1)按住 W,S,A,D 键可控制当前角色向前后左右移动。

(2)点击 R 键或功能钮中“走跑切换”按钮可控制角色进行走跑切换。

(3)鼠标右键点击一个地点,当前角色即可瞬移到该位置。

2. 视野调整

用户在操作软件过程中,所能看到的场景都是由摄像机来拍摄,摄像机会跟随当前控制角色(如培训学员)。所谓视野调整,即摄像机位置的调整。

(1)按住鼠标左键在屏幕上向左或向右拖动,可调整操作者视野即摄像机位置向左转或是向右转,但当前角色并不跟随场景转动。

(2)按住鼠标左键在屏幕上向上或向下拖动,可调整操作者视野即摄像机位置向上转或是向下转,相当于抬头或低头的动作。

(3)滑动鼠标滚轮向前或是向后转动,可调整摄像机与角色之间的距离变化。

3. 视角切换

点击空格键即可切换视角,在默认人物视角和全局俯瞰视角间切换。

4. 操作人员选择

通过点击左上角人物头像,可选择操作人员为外操、班长和中控(如图 15 所示)。

图 15　操作人员选择系统

5. 任务系统

(1)点击运行界面右上角的任务提示按钮(如图 16 所示)即可打开任务系统。

图 16　任务提示按钮

(2)任务系统界面左侧是任务列表，右侧是任务的具体步骤，任务名称后边标有已完成任务步骤的数量和任务步骤的总数量。当某任务步骤完成时，该任务步骤前会出现“√”表示完成，同时，已完成任务步骤的数量也会发生变化(如图 17 所示)。

图 17　任务系统界面

6. 操作阀门

当控制角色移动到目标阀门附近时，将鼠标悬停在阀门上，此阀门会闪烁，代表可以操作阀门；如果距离较远，即使将鼠标悬停在阀门位置，阀门也不会闪烁，说明距离太远，不能操作。

(1)左键双击闪烁阀门，可进入操作界面，切换到阀门近景。

(2)在操作界面上方有操作框，点击后进行开关操作，同时阀门手轮或手柄会相应转动。

(3)按住上下左右方向键，可调整摄像机以当前阀门为中心进行上下左右的旋转。

(4)滑动鼠标滚轮，可调整摄像机与当前阀门的距离。

(5)单击关闭标识，退出阀门操作界面。

7. 查看仪表

当控制角色移动到目标仪表附近时，将鼠标悬停在仪表上，此仪表会闪烁，说明可以查看仪表；如果距离较远，即使将鼠标悬停在仪表位置，仪表也不会闪烁，说明距离太远，不可观看。

(1)左键双击闪烁仪表,可进入操作界面,切换到仪表近景。

(2)压力表和液位计在仪表界面上有相应的实时数据显示,也可以通过点击仪表面板,弹出仪表查看框,查看更清晰的数据显示。点击关闭标识,可以退出仪表显示界面。如图 18 所示。

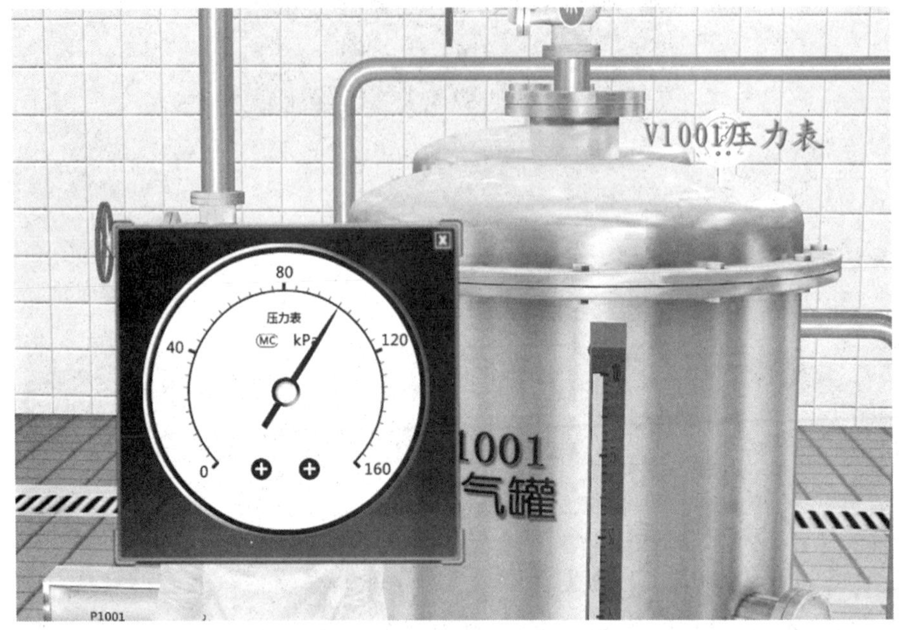

图 18　仪表显示界面

(3)温度实时显示在模型的仪表显示面板上(如图 19 所示)。用鼠标滚轮控制角色与温度显示面板间的距离。

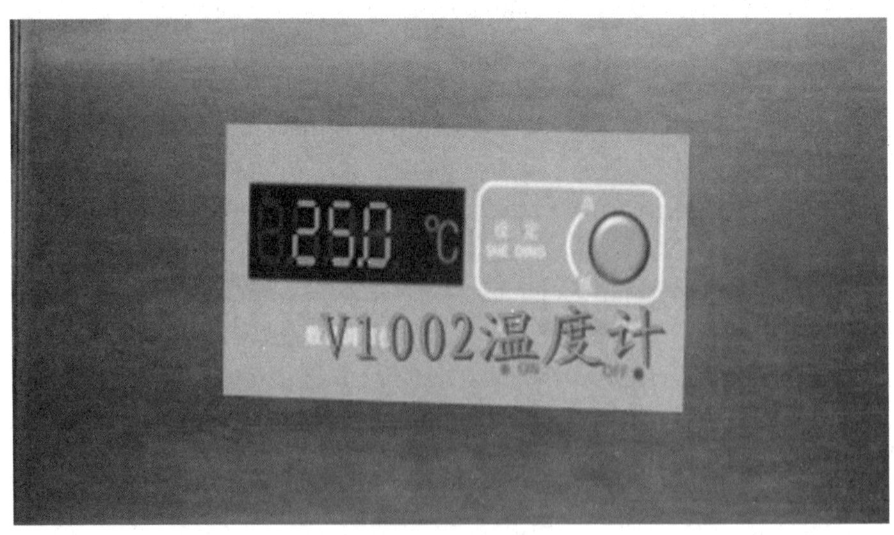

图 19　温度显示界面

8.操作电源按钮

电源面板主要为泵电源、搅拌器电源等。当控制角色移动到电源控制面板目标电源附近时，将鼠标悬停在该电源按钮上，此电源按钮会闪烁，出现相应设备的位号，说明可以操作电源按钮；如果距离较远，即使将鼠标悬停在电源按钮位置，电源按钮也不会闪烁，说明距离太远，不能操作。

（1）电源面板由电源按钮和运行按钮组成，电源按钮可以点击操作，运行按钮显示其运行状态。初始状态，电源按钮为暗红色，运行状态为红色，左键双击电源按钮，电源按钮颜色变为亮绿色，随后变为暗绿色，运行状态显示为绿色，表示电源为打开状态。再次双击电源按钮，电源按钮变为亮红色，随后变为暗红色，此时运行状态变为红色，表示电源为关闭状态。

（2）按住上下左右方向键，可操作摄像机以当前控制面板为中心进行上下左右的旋转。

（3）滑动鼠标滚轮，可调整摄像机与当前电源面板的距离。

9. 查看仪表

（四）功能钮介绍

3D 启动界面右下角有菜单钮，点击菜单钮，即可展示出具体的功能钮，如图 20。点击向下的箭头，即可隐藏具体功能钮。

图 20　菜单按钮及功能按钮

1. 查找功能

左键点击查找功能钮，弹出查找框（如图 21 所示）。适用于知道阀门位号、设备位号，不知道阀门、设备位置的情况。输入阀门或设备的位号，即可显示目标阀门或设备的方向及距离操作人员的距离。

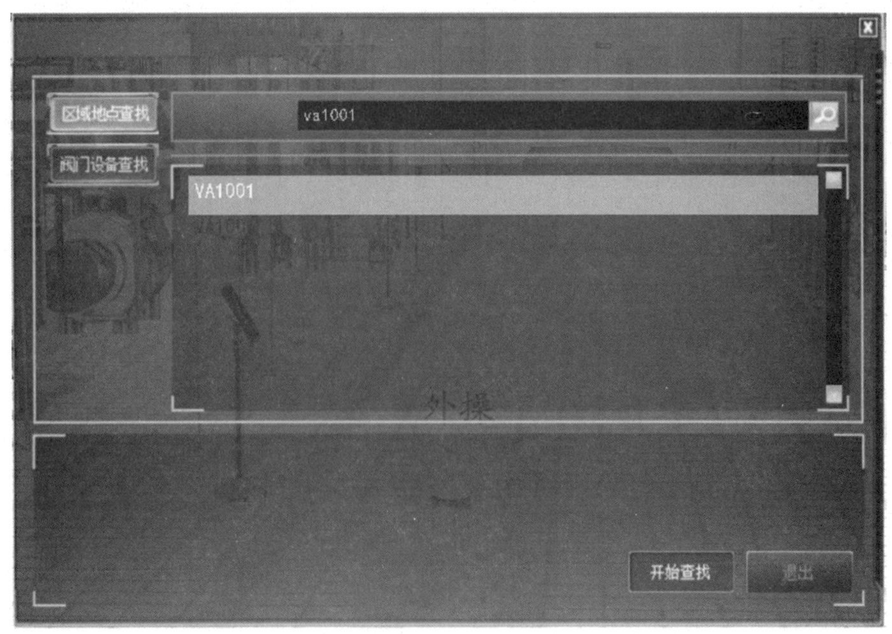

图 21　查找框

上部为搜索区，在搜索栏内输入目标阀门位号，如 VA101，按回车或开始搜索，在显示区将显示出此阀门位号；也可直接点击，在显示区将显示出所有阀门位号。

中部为显示区，显示搜索到的阀门位号。

下部为操作确认区，选中目标阀门位号，点击开始查找按钮，进入查找状态；若点击退出，则取消此操作。

进入查找状态后，主场景画面会切换到目标阀门的近景图，可大概查看周边环境。点击右键退出阀门近景图。

主场景（如图 22）中当前角色头顶出现的红色指引箭头，为指示目标阀门方向。到达目标阀门位置后指引箭头消失，按 Esc 键也可退出红色箭头的指引。

图 22　主场景画面

2. 地图功能

左键点击地图功能钮，可弹出整体厂区的地图（如图 23 所示），在地图中可随时查看人物角色在整个厂区的位置。再次点击地图按钮，即可退出地图显示。

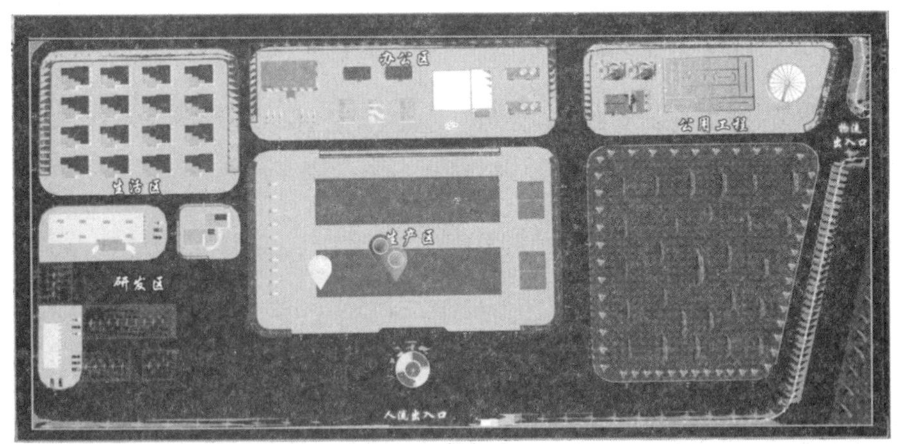

图 23　整体厂区地图

3. 操作功能

左键点击操作功能钮，可弹出 3D 基本操作控制界面(如图 24 所示)，通过 W,A,S,D 键及空格键和鼠标的操作配合，来实现操作人员的走、跑、镜头的远近与角度控制，帮助操作人员快速掌握 3D 场景操作要点。点击右上角关闭图标，即可关闭操作帮助界面。

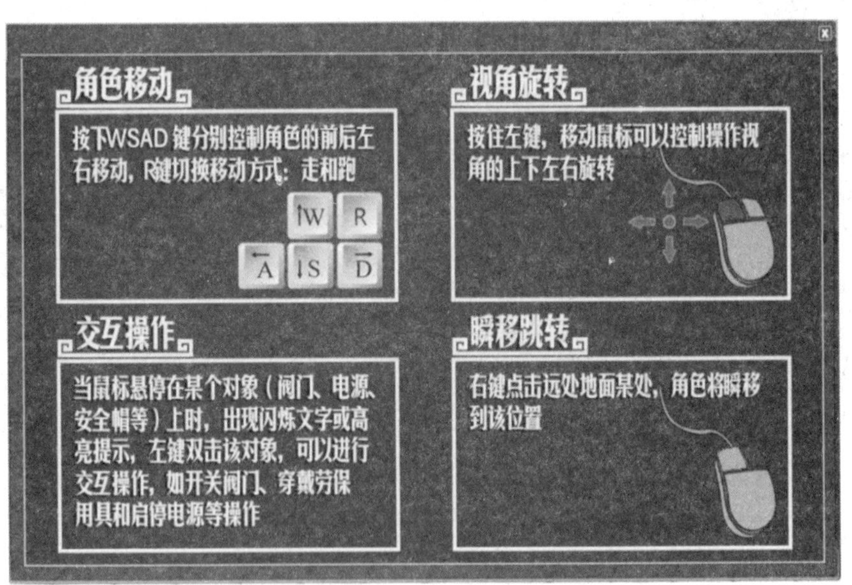

图 24　3D 基本操作控制界面

4. 消息功能

左键点击“视角”功能钮，弹出视角显示框(如图 25 所示)，再点击一次，视角显示框退出。视角框中展示了全景和生产车间的视角，可以通过选择，快速到达该视角。

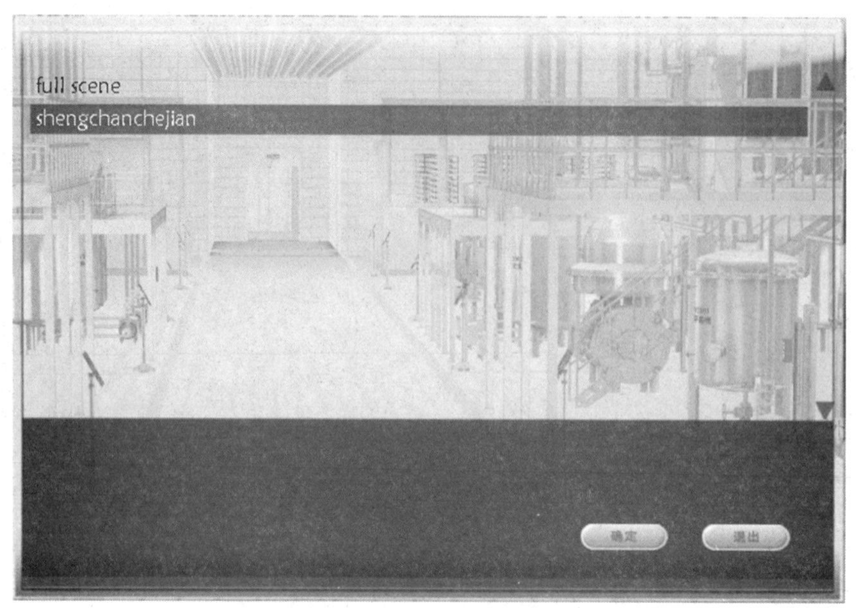

图 25　视角显示框

(五)乳制品生产车间地图按钮介绍

3D 启动界面左下角设置了乳制品车间地图按钮，左键点击可展示出乳制品生产车间地图(如图 26 所示)。

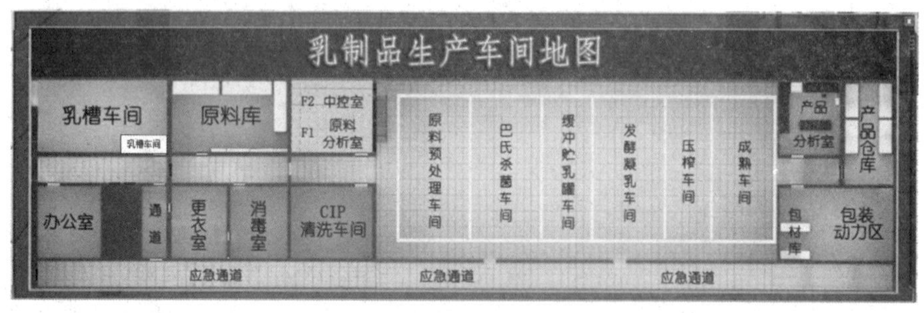

图 26　乳制品生产车间地图

车间中每一个可跳转的区域，鼠标在该区域即会悬浮区域名称，该区域会有红色悬浮框突显，点击所选区域，即可跳转到该区域。

点击“乳制品生产车间地图”或者右上角的关闭图标，均可关闭乳制品生产车间地图的显示。

实验一　彩色面包加工虚拟仿真

一、基础知识

(一)面包的诞生

数千年前,古埃及人就发现,吃剩下的麦子粥受到野生酵母菌的侵入,会发酵、膨胀、变酸,再放在加热的石头上烤制,就能惊喜地得到了一种远比“烤饼”松软美味的新面食,这便是世界上最早的面包。公元前 3000 年左右,古希腊人最早发明了用酿制酸啤酒滤下来的渣,也就是用新鲜啤酒酵母来发酵面包。

19 世纪法国生物学家巴斯德成功地发现发酵作用的原理,从而为面包制造业揭开了自古埃及传下来的谜。原来,空气中散播着无数菌类,其中有一种酵母菌,若落在适宜的环境中,便会进行无氧呼吸,把糖分解,产生二氧化碳及酒精。这种菌若落在面团中,二氧化碳气体便会使面团发胀,从而变成松软的面包。

(二)面包的基本概念

所谓面包,就是以黑麦、小麦等粮食作物为基本原料,先磨成粉,再加入水、盐、酵母等和面并制成面团坯料,然后再以烘、烤、蒸、煎等方式加热制成的食品。

图 1-1　成品面包

(三)面包的配方设计要求

1. 符合产品的定位。
2. 适应工艺特性、营养与卫生要求。
3. 符合当地居民的口味。
4. 充分利用当地原料的优势。

(四)面包的制作流程

面包的基本制作流程如图 1-2 所示。

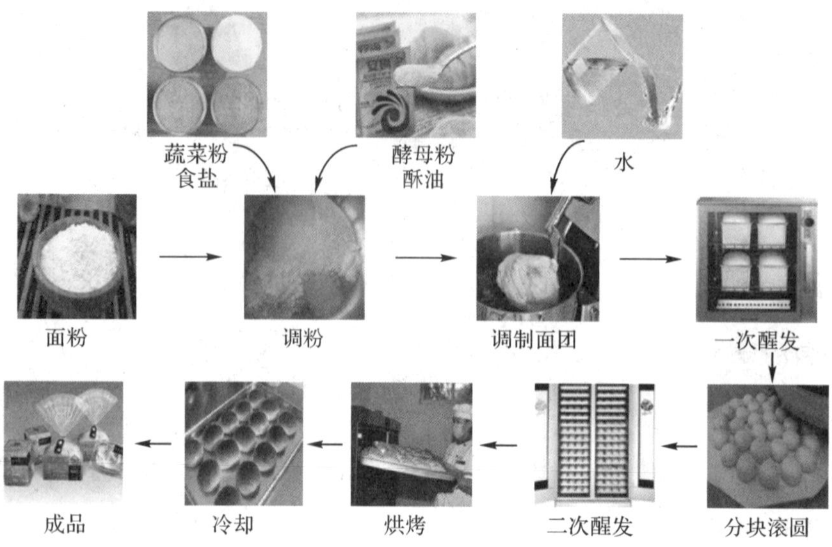

图 1-2　面包制作流程图

二、工艺概述

(一)主要原辅料

制作彩色面包的主要原料如表 1-1 所示。

表 1-1　彩色面包原料表

序号	主料、辅料
1	面粉
2	鸡蛋
3	彩色蔬菜粉
4	砂糖
5	酥油
6	水
7	酵母粉
8	食盐

(二)所需设备

制作彩色面包所需设备如表 1-2 所示。

表 1-2　彩色面包制作所需设备表

序号	设备/器具
1	和面机
2	压面机
3	醒发箱

续表

序号	设备/器具
4	烤炉
5	分块搓圆机
6	真空充氮包装机
7	质构仪
8	收模机
9	打包机

(三)工艺流程

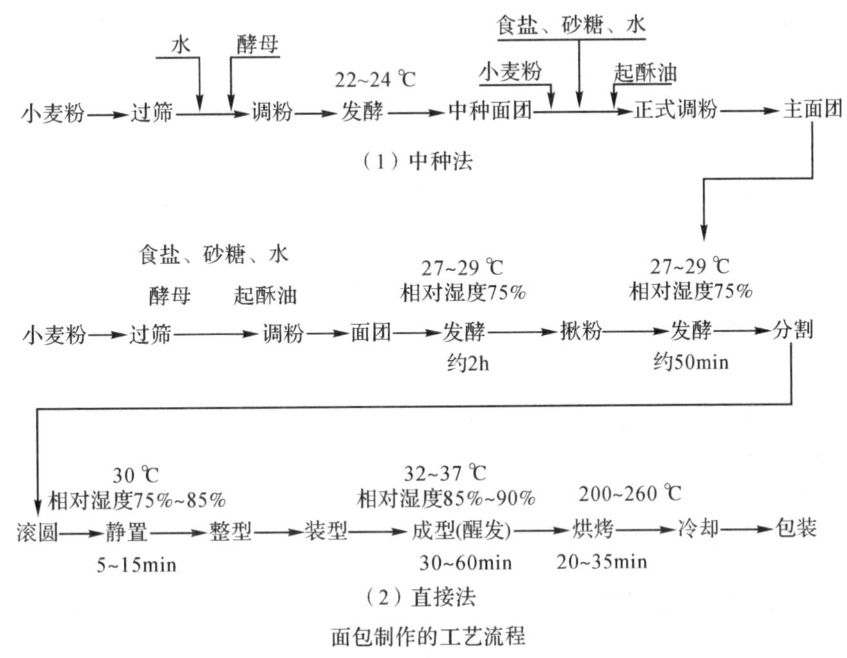

图 1-3　面包制作的工艺流程图

三、操作规程

(一)原料预处理

1. 面粉的预处理

(1)面粉后熟。面粉后熟，又称为熟化、成熟和陈化，新磨的小麦粉黏性大，缺乏弹性和韧性，用来做面点会出现皮色暗、不起个、易塌陷等问题，而且组织不均匀；但是小麦粉经过一段时间的贮藏后，上述缺点会得以改善，这种现象称为小麦粉的“后熟”现象。

(2)面粉调温。根据不同的季节调节面粉的温度，使之符合调制面团的温度要求。冬季应将面粉搬入车间或暖房中，以提高面粉温度；夏季存放在低温环境中，以降低粉温。

(3)面粉过筛。面粉在贮运保管过程中，可能混入杂质或产生结块现象，过筛可以消除杂质，打碎团块，并起到调节粉温作用，有效保证产品的质量。

2. 水的预处理

(1)水的硬度处理。水的软硬度是根据水中的钙离子和镁离子的含量来计算的,这两种离子的含量越高,水的硬度就越大。

饮用水的硬度标准:总硬度小于等于 450 mg/L(具体标准见:GB 5749—2006)。

(2)水的酸度处理。水的酸碱度是用 pH 值来衡量的。

水的 pH 值和矿物质含量对面团调制有密切的关系,最适合的 pH 值为 5～6,pH 值过高会使蛋白质吸水性和面团延伸受到影响,也会延长发酵时间。

(3)水的温度处理。调整水的温度是控制面团保持适合发酵温度的重要手段,面团松弛和进行基本发酵时最合适的温度是 25～28 ℃,最后发酵的最佳温度是 38 ℃左右,面团的温度是影响其发酵质量的重要因素。

3. 酵母的预处理

(1)质量检测。外观:外表颜色(白色,没有不良斑点),味道(具有清香的酵母味,无臭味),用手按时,比较容易破碎。

显微镜检:用 0.1%的亚甲蓝染色,算出活酵母与死酵母的比例。

(2)酵母活化。将鲜酵母放在 26～30 ℃的温水中,加入少量糖,用手或木棒把酵母块搅碎,静置 20～30 min,当表面出现大量气泡时说明此时的酵母已活化,即可投入生产。

(3)辅料预处理。

白砂糖:砂糖需用水溶化,再经过滤后使用。

食盐:食盐用水溶化,过滤后使用。

鸡蛋:用打蛋器打散后使用。

酥油:用温水融化至没有块状物后使用。

(二)面团调制

1. 操作目的

(1)使各种原、辅料充分分散和混合。

(2)加速面粉吸水形成面筋。

(3)促进面筋网络的形成。

(4)拌入空气有利于酵母发酵。

2. 材料与设备

面团调制所需材料与设备如表 1-3 所示。

表 1-3　面团调制所需材料与设备表

序号	材料与设备
1	和面机
2	操作台
3	压面机
4	面粉
5	彩色蔬菜粉
6	鸡蛋
7	水

3. 操作步骤

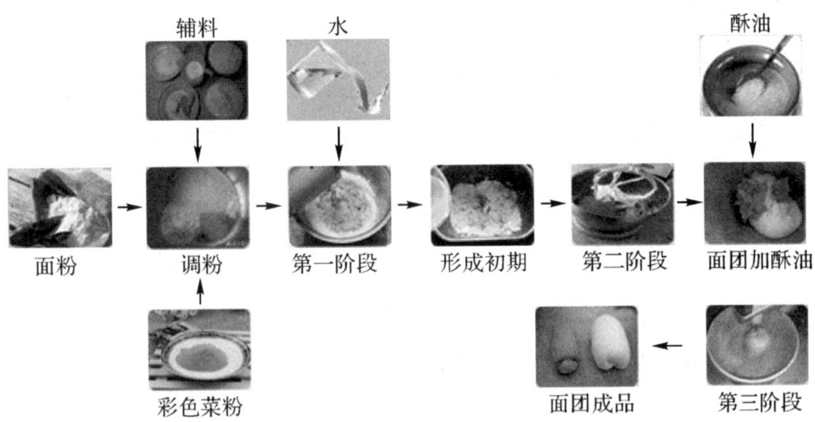

图 1-4　面团调制工艺流程图

4. 拓展知识

(1)面团调制的定义。面团是指用粮食的粉料或其他原料，加入水和油、糖、蛋、糖浆等原料，经过调制使粉粒形成的一个整体团块。

面团调制是指将主要原料与辅料等配合，采用调制工艺使之形成符合各式面点加工需要的面团的过程。

(2)面团形成的过程。

①物料拌和阶段。

②面团形成阶段。

(3)影响面团的因素。

①面粉中蛋白质的质和量(影响吸水性)。

②面团温度(与蛋白吸水性关系很大)。

③面粉粗细度(影响吸水速度和面团质量)。

④油脂(降低面团弹性，提高可塑性)。

⑤糖(起到反水化作用)。

(4)面团的调制技术。

①在搅打过程中，不断揉捏，使原辅料充分与空气接触，发生氧化。

②掺入的空气量是很重要的，气泡越多，焙烤出的产品越细软。

③加水必须适量，加水多了会造成面团过软，影响后续工艺，加水少了造成面团发硬，延迟发酵时间。

④搅拌必须适度，搅拌不足则面筋没有充分形成，搅拌过度则会破坏面团。

⑤为了控制面团的温度，现调粉机械多采用夹层调粉缸，用水浴保温。

(三)面团醒发

1. 操作目的

(1)使酵母大量繁殖，产生二氧化碳，促进面团体积膨胀。

(2)改善面团的加工性能，使之具有良好的延伸性。

(3)改善面团和面包的组织结构，使其疏松多孔。

(4)使面包具有诱人的芳香风味。

2. 材料与设备

面团醒发所需材料与设备如表 1-4 所示。

表 1-4 面团醒发所需材料与设备表

序号	材料与设备
1	醒发箱
2	操作台
3	经过调制的面团

3. 操作步骤

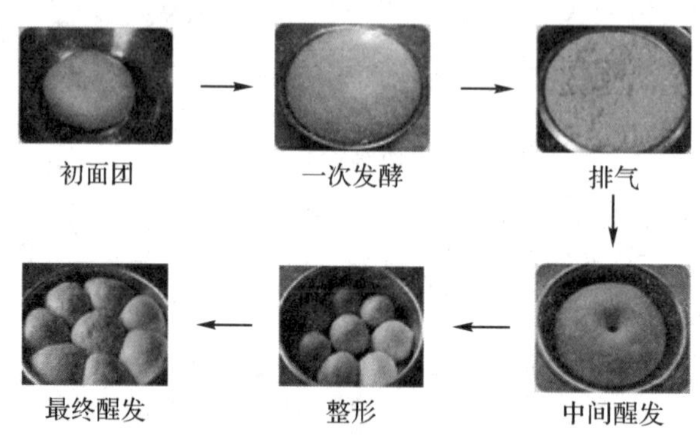

图 1-5 面团醒发工艺流程

4. 拓展知识

(1)醒发的定义。面团中的糖在麦芽糖酶、酒化酶等多种酶的作用下,被分解为酒精和二氧化碳,并产生各种糖、氨基酸、有机酸、脂类等,使面团具有芳香气味,这个复杂的过程就称为面团的发酵。

(2)辅料的影响。

①糖:糖类用量在 20%以下,可以提高气体保持能力;超过这一值,则气体保持能力逐渐下降。

②牛奶:牛奶类可以提高面团 pH 值,也能作为抑制 pH 值下降的缓冲剂。

③蛋:蛋的 pH 值高,不仅对酸有缓冲作用,还起到乳化剂的作用。

④食盐:食盐有强化面筋、抑制酵母发酵的作用,另外还会抑制所有酶类的活性。

(3)时间的影响。

发酵时间对面团发酵程度的影响如图 1-6 所示。

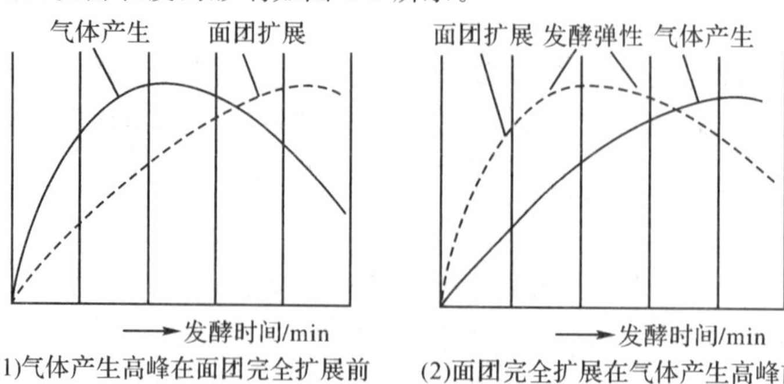

图 1-6 时间对面团发酵程度的影响

(4)技术参数。

①面团产气量:是指面团发酵过程中产生气体的量。

②面团持气量:指面团在发酵过程中保留气体不逸出的能力。

③湿度:湿度要求在75%左右。

④温度:温度要求在27～28 ℃。

⑤时间:一次醒发为原本2倍体积的时间。

(5)发酵终点的判定。

食指沾些干面粉,然后插入面团中心,抽出手指,根据面团情况判断是否达到发酵终点。

①凹孔很稳定,收缩很缓慢,表明发酵完成。

②如果凹孔收缩速度很快,说明还没有发酵好。

③如果抽出手指后,凹孔的周围也连带很快塌陷,说明发酵过度。

(四)面团分块及搓圆

1.操作目的

经过搓圆之后,面团内部组织结实、表面光滑,再经过15～20 min静置,面坯轻微发酵,使分块切割时损失的二氧化碳得到补充。

2.材料与设备

面团分块搓圆所需材料与设备如表1-5所示。

表1-5　面团分块搓圆所需材料与设备表

序号	材料与设备
1	主面团
2	分块搓圆机
3	操作台

3.拓展知识

(1)面团分块的定义。

面团分块:将主面团分割成若干个小面块。

面团搓圆:将分割后的不规则小块面团搓成圆球状。

(2)面团分块的注意事项。

①分块时,面团发酵仍然在进行中,因此要求,面团的分割时间越短越好。

②由于面包坯在烘烤后将有重量损耗,故在称量时要把这一重要损耗计算在内。

③如果是手动分块,一定要确保每个小分块的重量一致。

(五)烘烤

1.操作目的

(1)停止生物活动、破坏微生物和酶。

(2)使淀粉充分糊化。

(3)使糖类、蛋白质发生反应,产生香味和色泽。

(4)这个过程综合了物理、生物化学、微生物学的变化。

2. 材料与设备

烘烤所需材料与设备如表 1-6 所示。

表 1-6　面包烘烤所需材料与设备表

序号	材料与设备
1	烤炉
2	操作台
3	面包坯子

3. 操作步骤

面包在烘烤过程中有 4 个阶段。

(1)胀发:制品内部的气体受热膨胀,体积迅速增大。

(2)定型:蛋糕糊中的蛋白质凝固,制品定型。

(3)上色:当水分蒸发到一定程度,蛋糕表面温度上升,表面发成了焦糖化反应和美拉德反应,表皮色泽逐渐加深产生金黄色,同时也产生了有特色的蛋糕香味。

(4)熟化:随着热量的进一步渗透,蛋糕内部温度继续升高,原料中的淀粉糊化而使制品熟化,制品内部组织烤至最佳程度,既不粘湿,也不发干,且表皮色泽和硬度适当。

4. 拓展知识

(1)烘烤的定义。烘烤是指将醒发成熟的面包生坯放入烤炉内,使它在烤炉的热量下,由生变熟的过程。

(2)烘烤中温度变化。

①面包皮各层的温度都达到并超过 100 ℃,最外层可达 180 ℃以上,与炉温几乎一致。

②面包皮与面包心分界层的温度,在烘烤将近结束时达到 100 ℃,并且一直保持到烘烤结束。

③面包心内任何一层的温度直到烘烤结束均不超过 100 ℃。

(3)烘烤中水分变化。

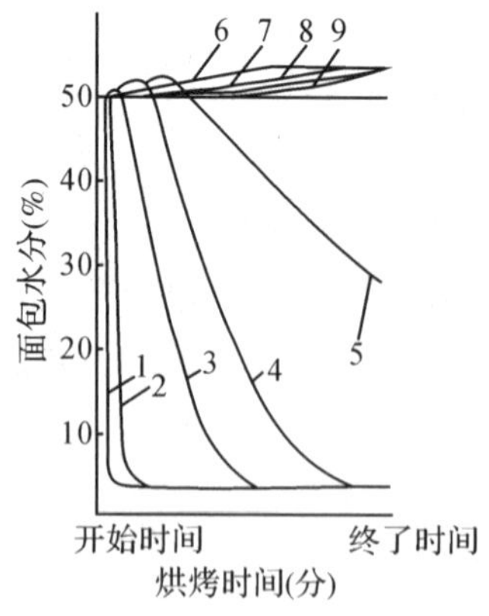

图 1-7　烘烤中面包水分含量随时间变化情况

(4)烘烤中重量变化。

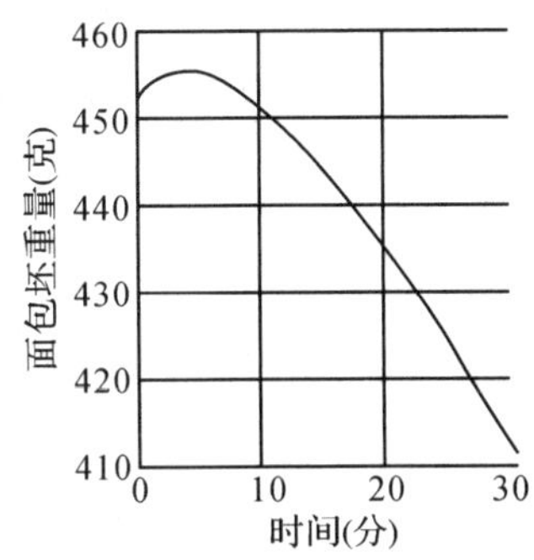

图 1-8 烘烤中面坯重量随时间变化情况

(5)烘烤的三个阶段。

①初期阶段:应当在温度较低和湿度较高的条件下进行。上火不超过 120℃,下火一般为 250～260 ℃,时间 2～3 min。

②固定阶段:面包中心温度达到 50～60 ℃,面包基本成型。

③着色阶段:给面包皮着色和增加香气,这时上火可使用 180～270 ℃,下火 140～160 ℃。

(六)面包质构

1. 操作目的

(1)检测面包的硬度值。

(2)检测面包的黏附性。

(3)检测面包的咀嚼性。

(4)检测面包的弹性。

2. 材料与设备

面包质构测定所需材料与设备如表 1-7 所示。

表 1-7 面包质构测定所需材料与设备表

序号	材料与设备
1	质构仪
2	操作台
3	电脑

3. 拓展知识

(1)食品质构的定义。食品质构即用力学的、触觉的等方法能够感知的食品流变学特性的综和感觉,是食品除色、香、味外的一种重要性质,是决定食品档次的重要标志之一,在某种程度上可以反映出食品的感观质量。

(2)质构仪的定义。质构仪,也叫物性分析仪,是通过模拟人的触觉,分析检测产品的物理特征,并使用统一的测试方法,对样品的物性概念做出准确表述的仪器。它是可以精确测量的仪器。

(3)质构仪测定原理。质构仪的测定原理是:将力量感应源连接探头,探头可以随主机曲臂做上升或下降运动,主机内部电路控制部分和数据存储器会记录探头运动所受到的力量,将其转换成数字信号显示出来。质构的客观测定结果用力大小来表示。

(4)质构仪检测方法。质构仪的检测方法包括五种基本模式:压缩实验、穿刺实验、剪切实验、弯曲实验、拉伸实验。这些模式可以通过不同的运动方式和配置不同形状的探头来实现。

(七)成品包装

1. 操作目的

当面包、蛋糕中心部位冷却到 35 ℃左右时,应立即进行包装。包装的主要目的是有以下几点。

(1)延迟产品老化。

(2)防止污染和霉变。

(3)防止破损。

(4)美化商品,提高价值。

2. 材料与设备

面包包装所需材料与设备如表 1-8 所示。

表 1-8　面包包装所需材料与设备表

序号	材料与设备
1	充氮机
2	打包机
3	收膜机

3. 拓展知识

(1)面包的变质。面包配料为鸡蛋、面粉、白砂糖、食用植物油、奶粉,再根据口味加上食用香料及膨松剂、水分保持剂等。经烘焙后,其含水量通常大于 15%,这样面包的口感会比较好。一般的霉菌,如青霉、毛霉、根霉等在物品含水量为 14%~18%、有良好培养基、有足够适量氧气的环境中,极易生长繁殖。面包的组成及其含水量,使其在自然的环境中极易产生霉变。同时保持合适的含水量,又要避免霉变,是面包品质保持的关键。

(2)充气包装介绍。充气包装,也叫气调包装,其原理是用二氧化碳、氮气等非活性气体置换空气,从而使包装容器内不含氧气。而霉菌及其他微生物,只有在有氧气的环境中才能繁殖。充气包装就是利用微生物的需氧特点进行包装,从而延长蛋糕的保鲜期。蛋糕充气包装所用的气体通常为二氧化碳、氮气的混合气体,主要是起到防止霉菌繁殖的作用。

(3)成品包装。合格产品才能进行包装。

①包装形式分为箱包装、纸包装、袋(纸袋、塑料袋)包装及盒(纸盒、塑料盒、铁盒)包装。

②包装材料应符合卫生要求。

③大包装产品:应使用清洁、干燥、无异味的糕点专用箱,产品不得外露,箱内应垫以包装纸,装箱高度应低于箱边 2 cm 以上。

④标志:包装上的标志应符合 GB 7718—2011 的要求。

(八)仿真软件操作步骤

1. 制作彩色面包的基础知识

(1)点击“总貌图”查看彩色面包车间总貌。

(2)点击“基础知识”学习彩色面包工艺中相关基础知识。

(3)点击“仿真工艺”学习彩色面包生产的工艺和过程。

(4)点击学习面包的基本概念。

(5)点击学习面包的配方设计。

(6)点击学习面包的制作流程。

(7)点击学习面包的制作原料。

2.原料预处理

(1)点击学习面粉预处理知识。

(2)点击学习水预处理知识。

(3)点击学习酵母预处理知识。

(4)点击学习面包辅料预处理知识。

3.面团调制

(1)点击"操作目的"学习面团调制的操作目的。

(2)点击"材料设备"学习面团调制所用到的材料及设备。

(3)点击"操作步骤"学习面团调制操作步骤。

(4)从画面右侧选择操作,点击流程中相应的空白位置,完成完整的面团调制操作流程后,点击"完成"按钮。

(5)点击面板上的鸡蛋,进入鸡蛋去壳画面,分别点击右下角的三个鸡蛋,完成鸡蛋去壳操作。

(6)点击和面机,打开和面机上的防护栏。

(7)点击盛有去壳后鸡蛋的盆,将其加入和面机内。

(8)点击盛有面粉的盆,将其加入和面机内。

(9)点击盛有水的盆,将其加入和面机内。

(10)点击和面机,放下和面机上的防护栏。

(11)点击和面机的操作面板,弹出操作面板画面。

(12)点击"START"按钮,开始搅拌。

(13)点击搅拌速度挡位按钮,先选择1挡搅拌几分钟。

(14)点击搅拌速度挡位按钮,先选择2挡进行搅拌。

(15)待搅拌结束后,点击"STOP"按钮,停止搅拌。

(16)点击"拓展知识"学习面团调制的相关知识。

4.面团醒发

(1)点击"操作目的"学习面团醒发的操作目的。

(2)点击"材料设备"学习面团醒发所用到的材料及设备。

(3)点击"操作步骤"学习面团醒发操作步骤。

(4)从画面右侧选择操作,点击流程中相应的空白位置,完成完整的面团醒发操作流程后,点击"完成"按钮。

(5)点击醒发箱,将其打开。

(6)点击盛有面团的容器,将其放入醒发箱。

(7)点击关闭醒发箱。

(8)点击醒发箱操作面板,弹出操作面板页面。

(9)点击电源按钮,给醒发箱通电,并设置好需要的温度、湿度和时间。

(10)达到醒发时间后,点击打开醒发箱。

(11)点击完成醒发的面团,将其取出。

(12)点击关闭醒发箱。

(13)点击面板上的金属盘子,盘子中会出现整形后的面团。

(14)点击打开醒发箱。

(15)点击盛有面团的容器,将其放入醒发箱。

(16)点击关闭醒发箱。

(17)点击醒发箱操作面板,弹出操作面板页面,设置好需要的温度、湿度和时间。

(18)达到醒发时间后,点击打开醒发箱。

(19)点击完成醒发的面团,将其取出。

(20)点击关闭醒发箱。

(21)点击“拓展知识”学习面团醒发的相关知识。

5.面团分块及搓圆

(1)点击“操作目的”学习面团整形的操作目的。

(2)点击“材料设备”学习面团整形所用到的材料及设备。

(3)点击面团分块、搓圆机的电源开关,给面团切块、搓圆机通电。

(4)点击面板上的面团,将其放在面团分块搓圆机上。

(5)点击“START”按钮,机器开始工作。

(6)分块及搓圆结束后,点击“STOP”按钮,机器停止工作。

(7)此时分块、搓圆机上已经是被分块并搓圆后的面包坯子了,点击将其取出。

(8)点击“拓展知识”学习面团整形的相关知识。

6.烘烤

(1)点击“操作目的”学习面包烘烤的操作目的。

(2)点击“材料设备”学习面包烘烤所用到的材料及设备。

(3)点击打开烤炉。

(4)点击面板上已经准备好的面包坯子,将其放入烤炉。

(5)点击关闭烤炉。

(6)点击烤炉的操作面板,弹出操作面板页面。

(7)点击设定上火温度。

(8)点击设定下火温度。

(9)点击设定上火时间。

(10)点击设定下火时间。

(11)点击左侧红色按钮开始上火烘烤。

(12)点击左侧红色按钮开始下火烘烤。

(13)烘烤时间到了之后,点击左侧红色按钮关闭上火烘烤。

(14)烘烤时间到了之后,点击左侧红色按钮关闭下火烘烤。

(15)点击打开烤炉,面包已烘烤完成。

(16)点击取出面包。

(17)点击关闭烤炉。

(18)点击“拓展知识”学习面包烘烤的相关知识。

7.质量检测

(1)点击“操作目的”学习面包质构的操作目的。

(2)点击“材料设备”学习面包质构所用到的材料及设备。

(3)点击操作手柄,弹出手柄操作面板。

(4)点击“START”按钮,质构仪处于工作状态。

(5)点击电脑主机电源开关,打开电脑。

(6)点击面包,将其放在质构仪探针下面。

(7)点击电脑屏幕,弹出操作界面。

(8)在应变栏设置应变为 6。

(9)点击“确定”按钮,质构仪探针放下,开始检测。

(10)点击弹出手柄操作面板,点击“STOP”按钮,停止质构。

(11)点击屏幕上的电脑开关,关闭电脑。

(12)点击“拓展知识”学习面包质构的相关知识。

8.成品包装

(1)点击“操作目的”学习成品包装的操作目的。

(2)点击“材料设备”学习成品包装所用到的材料及设备。

(3)点击真空充氮包装机启动按钮,开启包装机。

(4)点击真空充氮包装机,观看其工作动画。

(5)点击真空充氮包装机停止按钮,停止包装机。

(6)点击打包机启动按钮,开启打包机。

(7)点击打包机,观看其工作动画。

(8)点击打包机停止按钮,停止打包机。

(9)点击收模机启动按钮,开启收模机。

(10)点击收模机,观看其工作动画。

(11)点击收模停止按钮,关闭收模机。

(12)点击“拓展知识”学习面包包装的相关知识。

四、仿真 DCS 界面

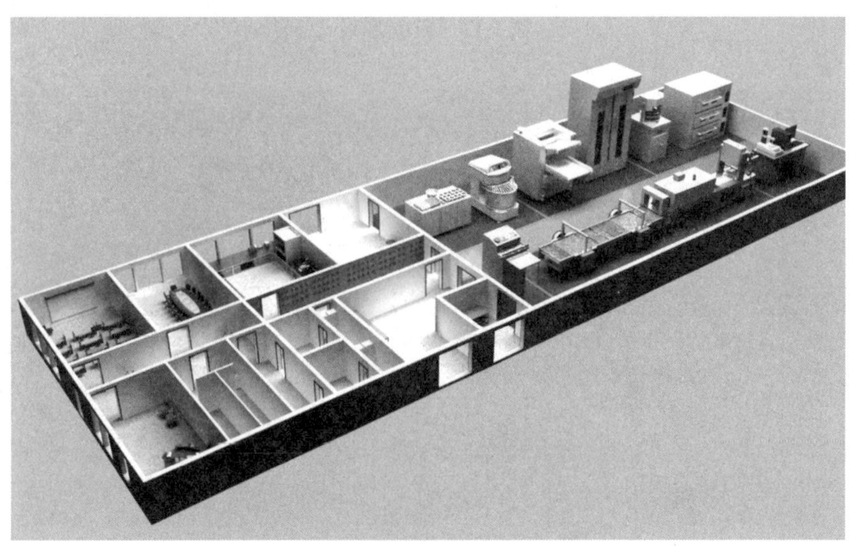

图 1-9　彩色面包制作车间总图

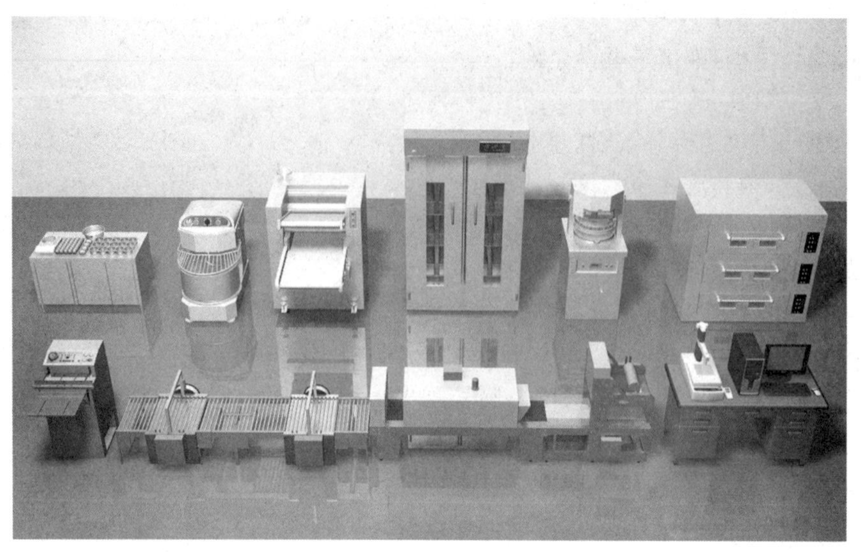

图 1-10　彩色面包制作工具总图

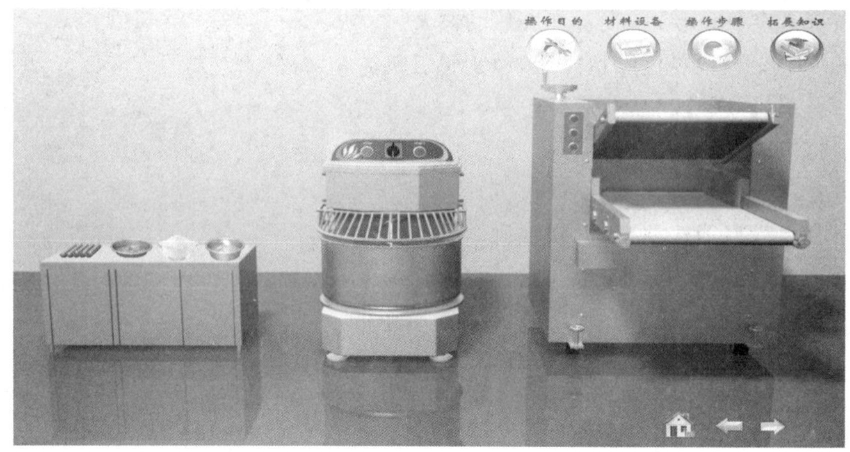

图 1-11　面团调制

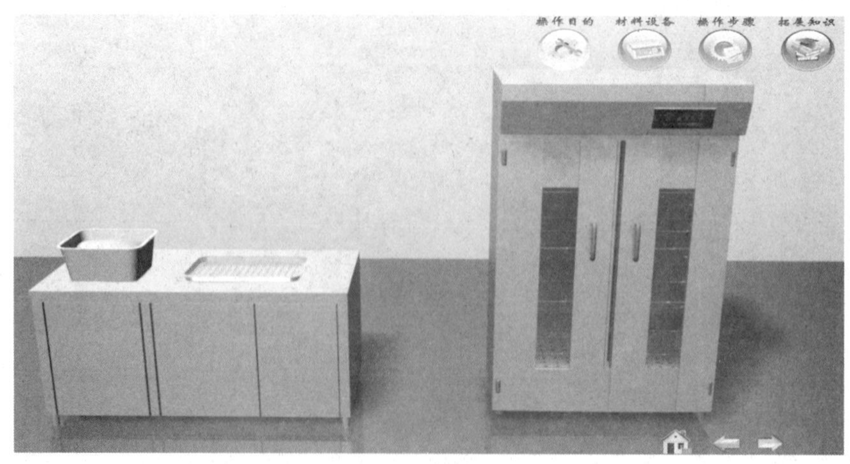

图 1-12　面团醒发

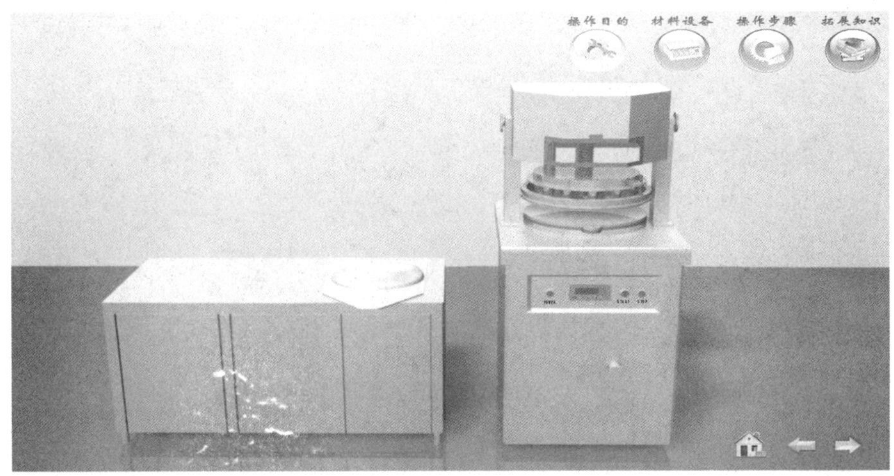

图 1-13　面包整形

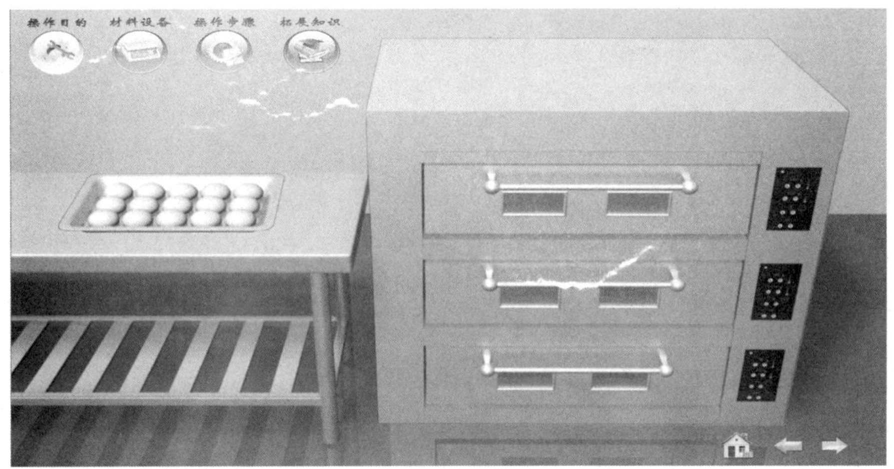

图 1-14　面包烘烤

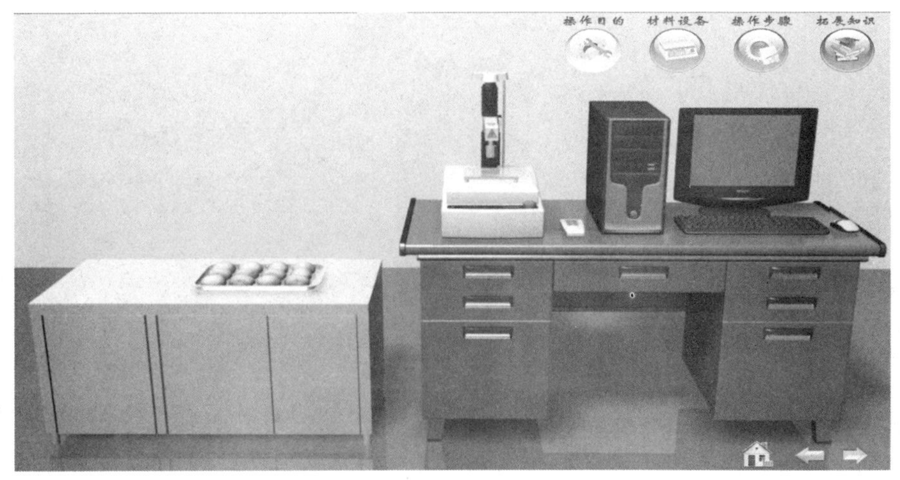

图 1-15　质构分析

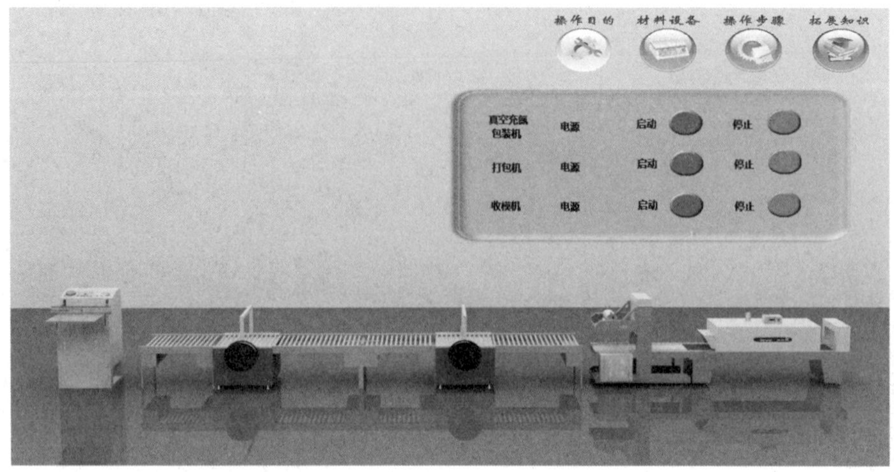

图 1-16 真空充氮包装

实验二　即食调味水产类休闲食品(烟熏鱿鱼圈)加工虚拟仿真

一、基础知识

(一)烟熏工艺技术简介

传统的水产品熏制主要为提高制品的保藏性,但现代的熏制加工逐渐转向以赋予熏制品特有的色泽和风味为目的。传统熏制的方法有冷熏、温熏和热熏等。近年来,为缩短熏制时间,发展了快熏、电熏等改进方法,但仍然不足以代替传统烟熏法。熏制过程中,各种脂肪族和芳香族化合物,如醇、醛、酮、酚、酸类等凝结沉淀在制品表面和渗入近表面的内层,从而使熏制品形成特有的风味、色泽和具有一定的保藏性。熏烟中的酚类和醛类是熏制品特有香味的主要成分。渗入皮下脂肪中的酚类可以防止脂肪氧化。醛类、酚类和酸类还对微生物的生长有一定的抑制作用。鱿鱼熏制后风味独特,不仅可以作为休闲食品,而且还可以作为进一步进行食品加工的原料。

(二)烟熏工艺特点

1. 呈味性

在烟熏过程中,熏烟中的许多有机化合物附着在制品上,赋以制品特有的烟熏香味。其中,酚类和醛类化合物是使制品形成烟熏味的主要成分,特别是其中的愈创木酚和4-甲基愈创木酚,是最重要的风味物质。烟熏制品的熏香味是多种化合物综合形成的,这些物质不仅自身有烟熏味,还能与肉的成分发生反应生成新的呈味物质,综合构成肉的烟熏风味。

2. 发色性

熏烟成分中的羰基化合物可以和肉中的蛋白质或其他含氮物中的游离氨基发生美拉德反应,使其外表形成独特的金黄色或棕色。熏制过程中的加热能促进硝酸盐还原菌增殖并提高蛋白质的热变性,使其游离出半胱氨酸,从而促进一氧化氮血色原形成稳定的颜色。另外,受热还会有脂肪外渗,起到润色作用,从而提高制品的外观美感。

3. 杀菌性

烟熏中的酚、醛、酸等类物质可以杀菌、抑菌。在各种醛中,甲醛的杀菌力最强,是熏烟杀菌的主要成分。烟熏时制品表面干燥,能延缓细菌生产,降低细菌数;原料表面的蛋白质由于长时间受热会与熏烟中酚、醛等物质作用而发生变化形成膜,酚类物质和甲醛反应也可以产生膜覆盖于制品表面,这些都可防止微生物的二次污染。

4. 抗氧化性

实践证明,烟熏产品具有抗氧化能力。烟中抗氧化作用最强的是酚类及其衍生物,其中以邻苯二酚和邻苯三酚及其衍生物作用尤为显著。烟熏的抗氧化作用可以较好地保护脂溶性维生素;但烟熏后抗氧化成分都存在于制品表层上,中心部分并无抗氧化剂。

二、工艺概述

(一)流程综述

将品质良好、无明显机伤的冷冻鱿鱼倾倒于流水式解冻机中，在解冻机中，以强制循环水流对冷冻鱿鱼进行流水解冻。充分处理后，由内置传送带缓慢输送至去耳、去头操作台，由人工对鱿鱼的割除部分进行处理，将分离后的胴体放置在传送带相应传送装置上，并送至清洗、去皮工序。在鼓风式清洗机中，经过水浴初洗、高压喷淋洗后送至去皮装置，在去皮装置的作用下，将鱿鱼的透明薄膜统一剔除后，送至蒸煮工序。在蒸煮机中，在加热蒸汽的作用下，使槽内维持微沸状态，鱿鱼在传动装置的带动下进行蒸煮处理。经过蒸煮处理后，鱿鱼胴体需立即放入冷却机中进行冷却处理。冷却机是通过低温水进行换热作用，使槽内的水温满足工艺要求。将定量的食盐、糖、味精等调味料充分混合，放入调味剂输送料斗中，随着鱿鱼胴体的缓慢加入，经过调味机滚筒的作用，调味料与鱿鱼进行充分的搅拌、混合，调味均匀后，分批导入不锈钢圆桶内，并加盖，送至渗透间进行渗透处理。渗透期间需每隔一定时间进行翻动，使其渗透均匀。将渗透好的鱿鱼胴体依次放在烟熏架上，送至烟熏室进行烟熏处理。在发烟炉与配套风机的作用下，使整个室内充满熏烟，熏室温度维持在 50 ℃左右，烟熏 1～2 小时，具体烟熏程度根据不同消费者饮食习惯做相应调整。烟熏结束后，将烟熏架上的鱿鱼胴体依次取下，放至切圈机进料传送装置，在传送装置的作用下，将鱿鱼胴体送至切圈机进行切圈处理，并通过提升机，将切圈后的鱿鱼送至调味机，进行二次调味、渗透处理。经过充分的搅拌、渗透作用后，将鱿鱼圈均匀地放到带式干燥机的输送带上，根据客户对产品的水分要求来控制烘干温度，使加工的产品达到最终产品的水分要求。将干燥处理后的鱿鱼圈进行定量称量，逐一包装后，依次送入打包机、收膜机进行打包、收膜处理，并均匀放至输送带上，送至产品仓库，以备外销。

(二)所需设备

制作烟熏鱿鱼圈所需设备如表 2-1 所示。

表 2-1　制作烟熏鱿鱼圈所需设备表

序号	设备位号	设备名称
1	J101	流水式解冻机
2	C101	去耳、去头操作台
3	Q101	鼓风式清洗机
4	TP101	脱皮机
5	Z101	蒸煮机
6	LP101	冷却机
7	T101	调味机
8	Y101	烟熏机
9	B101	排风机
10	F101	发烟炉

续表

序号	设备位号	设备名称
11	X101	切圈机
12	T102	二次调味机
13	G101	带式干燥机
14	A103	空气过滤器
15	B102	鼓风机
16	B103	排风机

(三)主要参数

制作烟熏鱿鱼圈主要参数如表 2-2 所示。

表 2-2　制作烟熏鱿鱼圈主要工艺参数表

参数名称	控制目的	标准值	单位	监测设备
鱿鱼进料量	确定鱿鱼油量	100	kg/h	FIC101
解冻机注水量	确定注水量	300	kg/h	FIC102
解冻机液位	确保液位正常	50	%	LT101
清洗机注水量	确保注水量	50	%	FIC201
清洗机液位	确保液位正常	50	%	LT201
蒸煮机温度	确保温度正常	100	℃	TT301
冷却机温度	确保温度正常	40	℃	TT302
烟熏室温度	确保温度正常	55	℃	TI401
烟熏室压力	确保压力正常	0.8	atm	PI401
干燥机内压	确保压力正常	0.8	atm	PI602
干燥机温度	确保温度正常	40	℃	TT601

三、操作规程

(一)原料解冻工序

1. 单击控制盘中“工艺”选项。
2. 在弹出的对话框中,调整“注水流量控制器”中的“阀位开度”,向解冻机中注水。
3. 观察解冻机液位与进水量,当解冻机液位至 50%左右后,关闭注水阀。
4. 单击控制盘中“设备”选项。
5. 单击解冻装置总“启动”按钮,运行解冻装置。
6. 单击传送机“启动”按钮,运行传送机。
7. 当解冻机、传送机运行正常后,准备向系统投入冷冻鱿鱼。
8. 调整鱿鱼进料量控制器的阀位开度至 50%左右。
9. 通过调整“冷冻鱿鱼进料量控制器”中的“阀位开度”,使投入量控制在 100 kg/h 左右。

10. 由人工对传送带上的鱿鱼进行去头、去耳、去内脏处理。
11. 分离后的鱿鱼胴体送回传送带上，供下一工序处理。

（二）清洗去皮工序

1. 单击控制盘中“工艺”选项。
2. 在弹出的对话框中，调整注水流量，向清洗机中注水。
3. 观察清洗机液位与进水量，当清洗机液位至50%左右后，关闭注水阀。
4. 单击控制盘中“设备”选项。
5. 单击清洗装置总“启动”按钮，运行清洗装置。
6. 单击去皮机“启动”按钮，运行去皮机。
7. 接收经过原料解冻工序的物料。
8. 清洗后的鱿鱼经传动带输送至去皮机，进行去皮处理。
9. 去皮后的鱿鱼胴体经传送带输送至下一工序进行处理。

（三）蒸煮冷却工序

1. 单击控制盘中“工艺”选项。
2. 在弹出的对话框中，调整注水流量，向蒸煮机中注水。
3. 观察蒸煮机液位与进水量，当蒸煮机液位至50%左右后，关闭注水阀。
4. 单击控制盘中“设备”选项。
5. 单击蒸煮“启动”按钮，运行蒸煮机。
6. 单击蒸煮机循环泵“启动”按钮，运行蒸煮机循环泵。
7. 单击控制盘中“工艺”选项。
8. 在弹出的对话框中，调整注水流量，向冷却机中注水。
9. 观察冷却机液位与进水量，当冷却机液位至50%左右后，关闭注水阀。
10. 单击控制盘中“设备”选项。
11. 单击冷却机“启动”按钮，运行冷却机。
12. 单击冷却机循环泵“启动”按钮，运行冷却机循环泵。
13. 单击控制盘中“工艺”选项。
14. 通过调节蒸煮机温度控制器，慢慢提高蒸煮机内温度至100 ℃左右。
15. 经蒸煮处理后的鱿鱼，通过传送装置，送至冷却机组进行处理。
16. 随着蒸煮完成的鱿鱼的积累，冷却机组内温度会缓慢上升。
17. 通过调节冷却机温度控制器，慢慢降低冷却机组物料温度至40 ℃左右。
18. 冷却后的鱿鱼经沥干处理，送至下一工序进行处理。

（四）调味烟熏工序

1. 单击控制盘中“设备”选项。
2. 单击调味机“启动”按钮，运行调味机。
3. 将经上一工序处理后的物料，送至调味机进行调味处理。
4. 单击控制盘中“工艺”选项。
5. 在弹出的对话框中，调整调味剂流量，加入调味剂。
6. 鱿鱼与调味剂在调味机的作用下充分混合后，装入不锈钢圆桶。
7. 不锈钢圆桶盖好顶盖后，放入渗透室进行渗透处理默认已渗透处理. 。

8.烟熏室投用,将经渗透处理的鱿鱼物料,整齐排列到烟熏架上。
9.将烟熏架推送至烟熏室,并关闭烟熏室主门。
10.单击控制盘中的“工艺”选项。
11.单击发烟炉送风入口阀“开”按钮,疏通入口阀。
12.单击发烟炉出口阀数值框,输入50%,疏通出口阀。
13.在排风机操作面板中,单击排风出口阀“开”按钮,疏通排风机的出口阀。
14.单击排风机“启动”按钮,运行风机。
15.单击排风机入口阀“开”按钮,疏通风机的入口阀。
16.通过调节排风机频率,控制烟熏室内的压力在0.8 atm左右。
17.单击烟熏室循环风机“启动”按钮,运行循环风机。
18.单击锯末送料机“启动”按钮,运行锯末送料机。
19.单击发烟炉点火器“启动”按钮。
20.通过调节发烟炉温度控制阀功率值,使烟熏室温度控制在55 ℃左右。
21.烟熏时间控制1 h～2 h之间。

(五)切圈再调味工序

1.单击控制盘中“设备”选项。
2.单击切圈机“启动”按钮,运行切圈机。
3.单击提升机“启动”按钮,运行提升机。
4.单击调味机“启动”按钮,运行调味机。
5.将经上一工序处理后的物料,送至切圈机传送带,慢慢进入切圈机内部进行切圈处理。
6.通过提升机将切圈后的鱿鱼送至调味机,进行二次调味处理。
7.经上一工序处理后的物料,送至调味机进行调味处理。
8.单击控制盘中“工艺”选项。
9.在弹出的对话框中,调整调味剂流量,加入调味剂。
10.鱿鱼与调味剂在调味机的作用下充分混合后,装入不锈钢圆桶。
11.不锈钢圆桶盖好顶盖后,放入渗透室进行渗透处理(默认已渗透处理)。

(六)干燥工序

1.单击控制盘中的“工艺”选项。
2.单击空气过滤器“启动”按钮,投用空气过滤器。
3.单击控制盘中“设备”选项。
4.在鼓风机操作面板中,单击鼓风机出口阀“开”按钮,疏通排风机的出口阀。
5.单击鼓风机“启动”按钮,运行鼓风机。
6.单击鼓风机入口阀“开”按钮,疏通鼓风机的入口阀。
7.通过调节鼓风机频率,控制鼓风机出口压力在1.5 atm左右。
8.在排风机操作面板中,单击排风出口阀“开”按钮,疏通排风机的出口阀。
9.单击排风机“启动”按钮,运行风机。
10.单击排风机入口阀“开”按钮,疏通排风机入口阀。
11.通过调节排风机频率,控制干燥机内压在0.8 atm左右。
12.单击干燥机循环风机“启动”按钮,运行循环风机。

13. 将渗透的物料均匀排放在干燥机进料传送带上，准备启动干燥机。
14. 单击干燥机“启动”按钮，运行带式干燥机。
15. 通过调节干燥机加热蒸汽控制器的“阀位开度”，使干燥机内的温度维持在 40 ℃左右。
16. 经过干燥后的物料放入出料传送带，匀速送入包装机组进行包装处理。

（七）包装工序

1. 单击控制盘中“设备”选项。
2. 单击收膜机的“启动”按钮，运行收膜机。
3. 单击打包机的“启动”按钮，运行打包机。

（八）各工序停运

将各机组负荷降至最低，按照工艺流程中由前至后的顺序，依次停止相关设备。

四、仿真 DCS 界面

图 2-1 解冻机操作

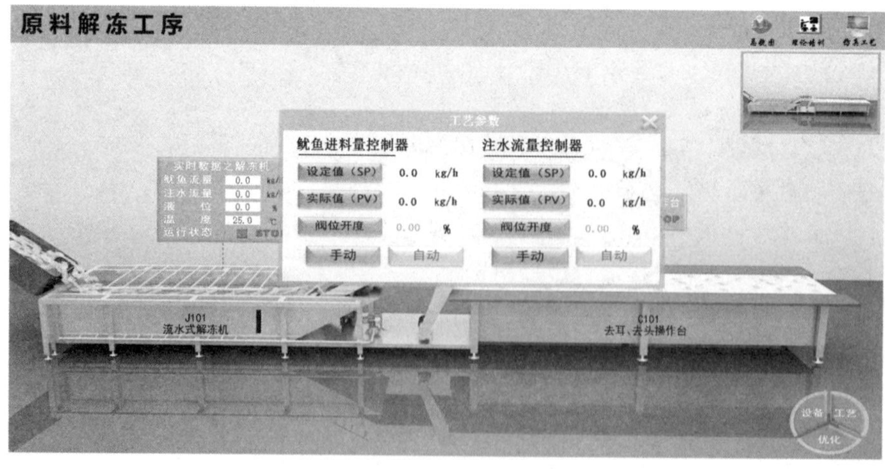

图 2-2 鱿鱼进料量控制器及注水流量控制器操作

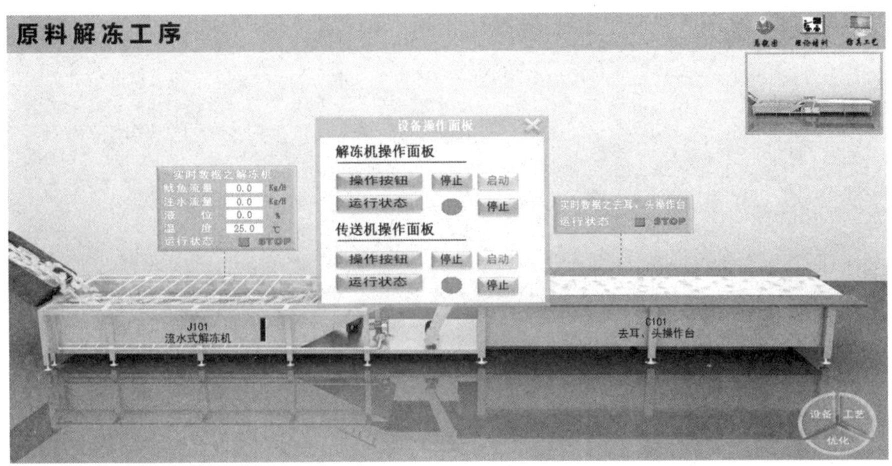

图 2-3　解冻机操作面板及传送机操作面板

图 2-4　清洗去皮工段

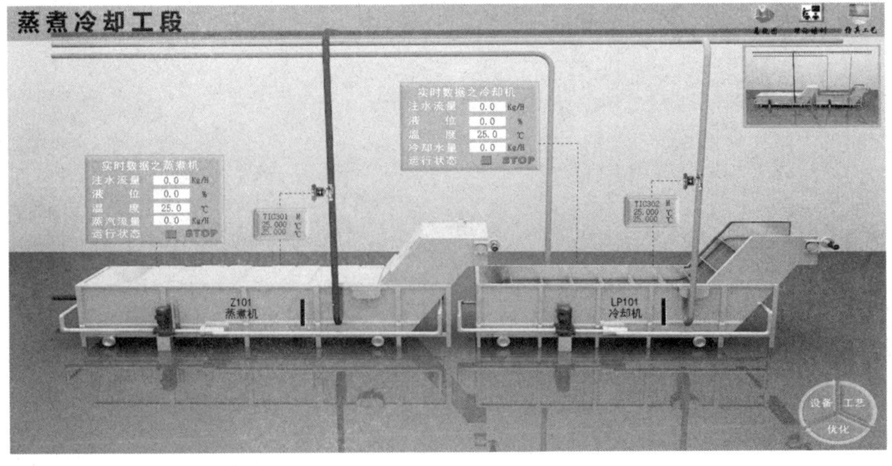

图 2-5　蒸煮冷却工段

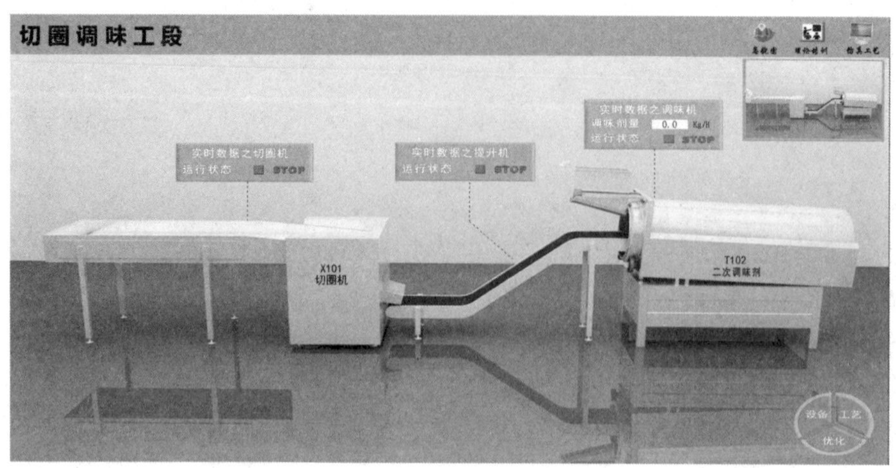

图 2-6　切圈调味工段

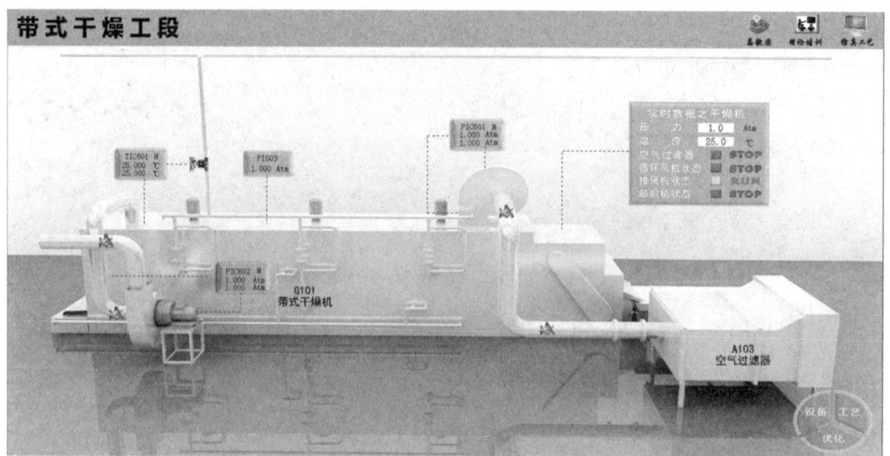

图 2-7　带式干燥工段

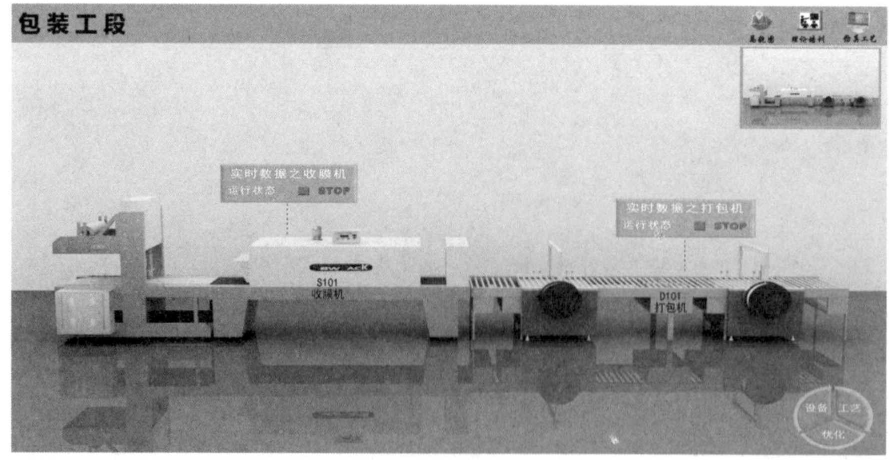

图 2-8　收膜机及打包机

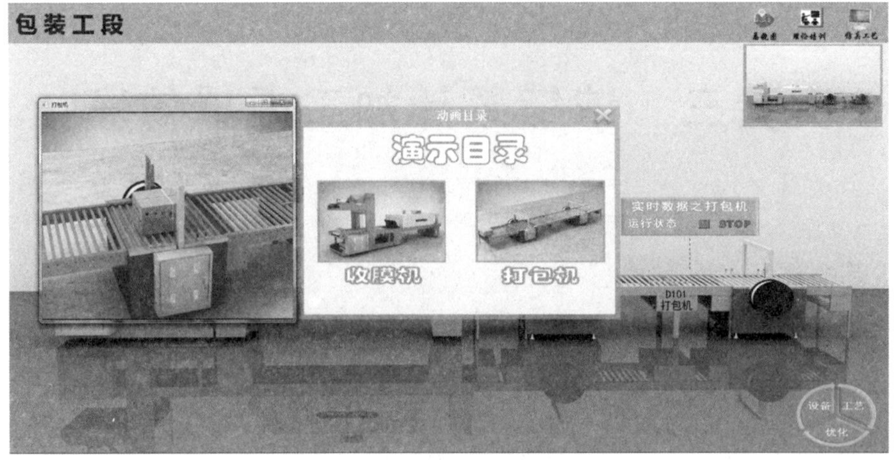

图 2-9　收膜机及打包机演示目录

实验三　浓缩果汁加工虚拟仿真

一、工艺概述

(一)工艺流程

原料→选果→洗果→破碎→榨汁→第一次杀菌→澄清→超滤→脱色→浓缩→第二次杀菌→灌装→成品。

(二)工艺流程图

浓缩果汁生产工艺流程如图 3-1 所示。

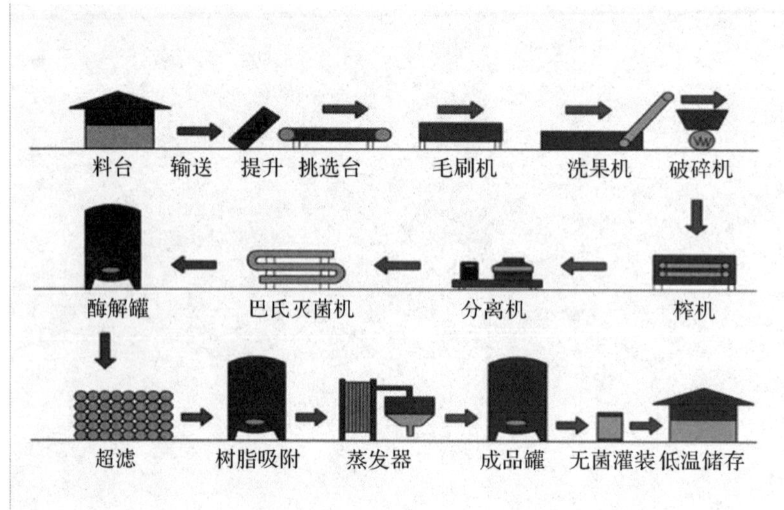

图 3-1　浓缩果汁生产工艺流程图

(三)所需设备

浓缩果汁加工所需设备如表 3-1 所示。

表 3-1　浓缩果汁加工所需设备表

序号	设备位号	设备名称
1	Y100	原料提升机
2	Y101	滚杠选果机
3	Y102	果蔬清洗机
4	Y102_3	果蔬拣选机
5	Y103	果蔬破碎机

续表

序号	设备位号	设备名称
6	P101	果浆输送泵
7	D201A/B	果浆罐
8	P201	果浆输送泵
9	Y301	螺旋压榨机
10	Y302	离心分离机
11	D301A/B	生汁罐
12	P301	生汁输送泵
13	Y401	前巴氏杀菌机
14	D401A/B	酶解罐
15	P401	酶解输送泵
16	FL501	超滤装置
17	P501	软水输送泵
18	D501	清汁罐
19	P502	清汁输送泵
20	R501A/B	树脂吸附器
21	E601	降膜蒸发器
22	E602	换热器
23	E603	冷凝器
24	P601	循环泵
25	P602	出料泵
26	P603	真空泵
27	P604	冷凝水输送泵
28	D701	调配罐
29	P701	调配输送泵
30	Y701	均质机
31	Y702	后巴氏杀菌机
32	D702	无菌罐

二、操作规程

(一)投料前的准备工作

说明：左键点击相关设备会弹出相应界面，右键点击弹出的界面则会隐藏。

1. 原料提升机 Y100 设备检查

(1)左键点击该设备，弹出“设备检查”界面。

(2)左键点击“设备检查”，弹出“设备各系统检查正常，满足运行条件”。

2. 滚杠选果机 Y101 设备检查

(1)左键点击该设备，弹出“设备检查”界面。

(2)左键点击“设备检查”，弹出“设备各系统检查正常，满足运行条件”。

3. 果蔬清洗机 Y102 设备检查

(1)左键点击该设备，弹出“设备检查”界面。

(2)左键点击“设备检查”，弹出“设备各系统检查正常，满足运行条件”。

4. 果蔬拣选机 Y102_3 设备检查

(1)左键点击该设备，弹出“设备检查”界面。

(2)左键点击“设备检查”，弹出“设备各系统检查正常，满足运行条件”。

5. 果蔬破碎机 Y103 设备检查

(1)左键点击该设备，弹出“设备检查”界面。

(2)左键点击“设备检查”，弹出“设备各系统检查正常，满足运行条件”。

6. 果浆输送泵 P101 设备检查

(1)左键点击该设备，弹出“设备检查”界面。

(2)左键点击“设备检查”，弹出“设备各系统检查正常，满足运行条件”。

7. 果浆罐 D201A 设备检查

(1)左键点击该设备，弹出“设备检查”界面。

(2)左键点击“设备检查”，弹出“设备各系统检查正常，满足运行条件”。

8. 果浆罐 D201B 设备检查

(1)左键点击该设备，弹出“设备检查”界面。

(2)左键点击“设备检查”，弹出“设备各系统检查正常，满足运行条件”。

9. 果浆输送泵 P201 设备检查

(1)左键点击该设备，弹出“设备检查”界面。

(2)左键点击“设备检查”，弹出“设备各系统检查正常，满足运行条件”。

10. 螺旋压榨机 Y301 设备检查

(1)左键点击该设备，弹出“设备检查”界面。

(2)左键点击“设备检查”，弹出“设备各系统检查正常，满足运行条件”。

11. 离心分离机 Y302 设备检查

(1)左键点击该设备，弹出“设备检查”界面。

(2)左键点击“设备检查”，弹出“设备各系统检查正常，满足运行条件”。

12. 生汁罐 D301A 设备检查

(1)左键点击该设备，弹出“设备检查”界面。

(2)左键点击“设备检查”，弹出“设备各系统检查正常，满足运行条件”。

13. 生汁罐 D301B 设备检查

(1)左键点击该设备，弹出“设备检查”界面。

(2)左键点击“设备检查”，弹出“设备各系统检查正常，满足运行条件”。

14. 生汁输送泵 P301 设备检查

(1)左键点击该设备，弹出“设备检查”界面。

(2)左键点击“设备检查”，弹出“设备各系统检查正常，满足运行条件”。

15. 前巴氏杀菌机 Y401 设备检查

(1)左键点击该设备,弹出“设备检查”界面。

(2)左键点击“设备检查”,弹出“设备各系统检查正常,满足运行条件”。

16. 酶解罐 D401A 设备检查

(1)左键点击该设备,弹出“设备检查”界面。

(2)左键点击“设备检查”,弹出“设备各系统检查正常,满足运行条件”。

17. 酶解罐 D401B 设备检查

(1)左键点击该设备,弹出“设备检查”界面。

(2)左键点击“设备检查”,弹出“设备各系统检查正常,满足运行条件”。

18. 酶解输送泵 P401 设备检查

(1)左键点击该设备,弹出“设备检查”界面。

(2)左键点击“设备检查”,弹出“设备各系统检查正常,满足运行条件”。

19. 超滤装置 FL501 设备检查

(1)左键点击该设备,弹出“设备检查”界面。

(2)左键点击“设备检查”,弹出“设备各系统检查正常,满足运行条件”。

20. 软水输送泵 P501 设备检查

(1)左键点击该设备,弹出“设备检查”界面。

(2)左键点击“设备检查”,弹出“设备各系统检查正常,满足运行条件”。

21. 清汁罐 D501 设备检查

(1)左键点击该设备,弹出“设备检查”界面。

(2)左键点击“设备检查”,弹出“设备各系统检查正常,满足运行条件”。

22. 清汁输送泵 P502 设备检查

(1)左键点击该设备,弹出“设备检查”界面。

(2)左键点击“设备检查”,弹出“设备各系统检查正常,满足运行条件”。

23. 树脂吸附器 R501A/B 设备检查

(1)左键点击该设备,弹出“设备检查”界面。

(2)左键点击“设备检查”,弹出“设备各系统检查正常,满足运行条件”。

24. 降膜蒸发器 E601 设备检查

(1)左键点击该设备,弹出“设备检查”界面。

(2)左键点击“设备检查”,弹出“设备各系统检查正常,满足运行条件”。

25. 循环泵 P601 设备检查

(1)左键点击该设备,弹出“设备检查”界面。

(2)左键点击“设备检查”,弹出“设备各系统检查正常,满足运行条件”。

26. 出料泵 P602 设备检查

(1)左键点击该设备,弹出“设备检查”界面。

(2)左键点击“设备检查”,弹出“设备各系统检查正常,满足运行条件”。

27. 换热器 E602 设备检查

(1)左键点击该设备,弹出“设备检查”界面。

(2)左键点击“设备检查”,弹出“设备各系统检查正常,满足运行条件”。

28. 冷凝器 E603 设备检查

(1)左键点击该设备,弹出“设备检查”界面。

(2)左键点击“设备检查”,弹出“设备各系统检查正常,满足运行条件”。

29. 真空泵 P603 设备检查

(1)左键点击该设备,弹出“设备检查”界面。

(2)左键点击“设备检查”,弹出“设备各系统检查正常,满足运行条件”。

30. 冷凝水输送泵 P604 设备检查

(1)左键点击该设备,弹出“设备检查”界面。

(2)左键点击“设备检查”,弹出“设备各系统检查正常,满足运行条件”。

31. 调配罐 D701 设备检查

(1)左键点击该设备,弹出“设备检查”界面。

(2)左键点击“设备检查”,弹出“设备各系统检查正常,满足运行条件”。

32. 调配输送泵 P701 设备检查

(1)左键点击该设备,弹出“设备检查”界面。

(2)左键点击“设备检查”,弹出“设备各系统检查正常,满足运行条件”。

33. 均质机 Y701 设备检查

(1)左键点击该设备,弹出“设备检查”界面。

(2)左键点击“设备检查”,弹出“设备各系统检查正常,满足运行条件”。

34. 后巴氏杀菌机 Y702 设备检查

(1)左键点击该设备,弹出“设备检查”界面。

(2)左键点击“设备检查”,弹出“设备各系统检查正常,满足运行条件”。

35. 无菌罐 D702 设备检查

(1)左键点击该设备,弹出“设备检查”界面。

(2)左键点击“设备检查”,弹出“设备各系统检查正常,满足运行条件”。

36. 无菌灌装及包装设备检查

(1)左键点击该设备,弹出“设备检查”界面。

(2)左键点击“设备检查”,弹出“设备各系统检查正常,满足运行条件”。

(二)果蔬拣选与果蔬清洗

说明:左键点击相关设备会弹出相应界面,右键点击弹出的界面则会隐藏。

1. 原料提升机 Y100 启动

(1)左键点击“参数设置”,弹出参数控制及显示界面。

(2)左键点击“启动”,启动原料提升机。

(3)根据生产需要,输入苹果进料量(范围:0～10000 kg/h,设计值 8490 kg/h)。

2. 滚杠选果机 Y101 启动

(1)左键点击“参数设置”,弹出参数控制及显示界面。

(2)左键点击“启动”,启动滚杠选果机。

(3)根据苹果实际损耗,输入苹果损耗率(范围:0～100%,设计值 0.4711%)。

3. 果蔬清洗机 Y102 启动

(1)左键点击“参数设置”,弹出参数控制及显示界面。

(2)左键点击“启动”,启动果蔬清洗机。

(3)根据苹果实际损耗,输入苹果损耗率(范围:0～100%,设计值0.4734%)。

4.果蔬拣选机Y102_3启动

(1)左键点击“参数设置”,弹出参数控制及显示界面。

(2)左键点击“启动”,启动果蔬拣选机。

(3)根据苹果实际损耗,输入苹果损耗率(范围:0～100%,设计值0%)。

(三)果蔬破碎与果浆暂存

说明:左键点击相关设备会弹出相应界面,右键点击弹出的界面则会隐藏。

1.果蔬破碎机Y103启动

(1)左键点击“参数设置”,弹出参数控制及显示界面。

(2)左键点击“启动”,启动果蔬破碎机。

(3)根据苹果实际损耗,输入苹果损耗率(范围:0～100%,设计值0.2378%)。

2.果浆输送泵P101启动

(1)打开果浆罐D201A进口管线阀门。

(2)打开果浆输送泵P101后调节阀。

(3)左键点击“参数设置”,弹出参数控制及显示界面。

(4)左键点击“启动”,启动果浆输送泵。

3.果浆罐D201A启动

说明:果浆罐正常情况下一用一备。

(1)左键点击果浆罐D201A,弹出“参数设置”界面。

(2)左键点击“参数设置”,弹出参数控制及显示界面。

(3)待果浆罐D201A液位高于10%,启动搅拌电机。

(4)当果浆罐D201A液位达到75%左右时,关闭果浆罐D201A进口管线阀门。

(5)待果浆罐D201A进口管线阀门关闭后,根据果浆的累计量计算需添加果胶酶的量。

(6)打开果浆罐D201A加热蒸汽出口阀。

(7)打开果浆罐D201A加热蒸汽进口阀,果浆罐温度控制在30℃左右。

(8)果浆在果浆罐中经加热、加酶后,保留一定时间使果浆充分酶化以提高出汁率。

(9)果浆罐D201A液位超高。

4.果浆罐D201B启动

说明:果浆罐正常情况下一用一备。

(1)当果浆罐D201A液位达到75%左右时,打开果浆罐D201B进口管线阀门。

(2)左键点击果浆罐D201B,弹出“参数设置”界面。

(3)左键点击“参数设置”,弹出参数控制及显示界面。

(4)待果浆罐D201B液位高于10%,启动搅拌电机。

(5)当果浆罐D201B液位达到75%左右时,关闭果浆罐D201B进口管线阀门。

(6)待果浆罐D201B进口管线阀门关闭后,根据果浆的累计量计算需添加果胶酶的量。

(7)打开果浆罐D201B加热蒸汽出口阀。

(8)打开果浆罐D201B加热蒸汽进口阀,果浆罐温度控制在30℃左右。果浆在果浆罐中经加热、加酶后,保留一定时间使果浆充分酶化以提高出汁率。

(9)果浆罐D201B液位超高。

5.果浆输送泵 P201 启动

(1)待果浆罐 D201A 内的果浆酶化处理后,打开其出口管线阀门。

说明:当果浆罐 D201B 内的果浆酶化处理结束,果浆罐 D201A 内果浆输送完后,打开果浆罐 D201B 出口管线,关闭果浆罐 D201A 出口管线,实现连续生产。

(2)打开果浆输送泵 P201 后调节阀。

(3)左键点击"参数设置",弹出参数控制及显示界面。

(4)左键点击"启动",启动果浆输送泵。

(四)果蔬取汁与果汁暂存

说明:左键点击相关设备会弹出相应界面,右键点击弹出的界面则会隐藏。

1.螺旋压榨机 Y301 启动

(1)左键点击"参数设置",弹出参数控制及显示界面。

(2)左键点击"启动",启动螺旋压榨机。

(3)根据苹果实际损耗,输入苹果损耗率(范围:0～100%,设计值 13.230036%)。

2.离心分离机 Y302 启动

(1)打开生汁罐 D301A 进口管线阀门。

(2)打开离心分离机 Y302 后调节阀。

(3)左键点击"参数设置",弹出参数控制及显示界面。

(4)左键点击"启动",启动离心分离机。

3.生汁罐 D301A 启动

说明:生汁罐正常情况下一用一备。

(1)左键点击生汁罐 D301A,弹出"参数设置"界面。

(2)左键点击"参数设置",弹出参数控制及显示界面。

(3)待生汁罐 D301A 液位高于 10%,启动搅拌电机。

(4)当生汁罐 D301A 液位达到 75%左右时,关闭生汁罐 D301A 进口管线阀门。

(5)生汁罐 D301A 液位超高。

4.生汁罐 D301B 启动

说明:生汁罐正常情况下一用一备。

(1)当生汁罐 D301A 液位达到 75%左右时,打开生汁罐 D301B 进口管线阀门。

(2)左键点击生汁罐 D301B,弹出"参数设置"界面。

(3)左键点击"参数设置",弹出参数控制及显示界面。

(4)待生汁罐 D301B 液位高于 10%,启动搅拌电机。

(5)当生汁罐 D301B 液位达到 75%左右时,关闭生汁罐 D301B 进口管线阀门。

(6)生汁罐 D301B 液位超高。

5.生汁输送泵 P301 启动

(1)打开酶解罐 D401A 进口管线阀门。

(2)打开生汁罐 D301A 出口管线阀门。

(3)左键点击"参数设置",弹出参数控制及显示界面。

(4)左键点击"启动",启动生汁输送泵。

(5)打开生汁输送泵 P301 后调节阀。

说明:当生汁罐 D301A 内果汁输送完后,打开生汁罐 D301B 出口管线,关闭生汁罐

D301A 出口管线，实现连续生产。

（五）巴氏杀菌与酶解澄清

说明：左键点击相关设备会弹出相应界面，右键点击弹出的界面则会隐藏。

1. *前巴氏杀菌机 Y401 启动*

（1）打开前巴氏杀菌机加热蒸汽出口阀。

（2）打开前巴氏杀菌机冷凝水进口阀。

（3）左键点击“参数设置”，弹出参数控制及显示界面。

（4）待果汁通过设备时，设定好加热蒸汽杀菌温度（设计值 98 ℃）。

（5）待果汁通过设备时，设定好冷凝水冷却温度（设计值 53 ℃）。

2. *酶解罐 D401A 启动*

说明：酶解罐正常情况下一用一备。

（1）左键点击酶解罐 D401A，弹出“参数设置”界面。

（2）左键点击“参数设置”，弹出参数控制及显示界面。

（3）待酶解罐 D401A 液位高于 10％，启动搅拌电机。

（4）当酶解罐 D401A 液位达到 75％左右时，关闭酶解罐 D401A 进口管线阀门。

（5）待酶解罐 D401A 进口管线阀门关闭后，根据果浆的累计量计算需添加果胶酶和淀粉酶的量。

（6）果浆在酶解澄清罐中经加热、加酶后，保留一定时间使果浆充分酶化澄清。

（7）酶解罐 D401A 液位超高。

3. *酶解罐 D401B 启动*

说明：酶解罐正常情况下一用一备。

（1）当酶解罐 D401A 液位达到 75％左右时，打开酶解罐 D401B 进口管线阀门。

（2）左键点击酶解罐 D401B，弹出“参数设置”界面。

（3）左键点击“参数设置”，弹出参数控制及显示界面。

（4）待酶解罐 D401B 液位高于 10％，启动搅拌电机。

（5）当酶解罐 D401B 液位达到 75％左右时，关闭酶解罐 D401B 进口管线阀门。

（6）待酶解罐 D401B 进口管线阀门关闭后，根据果浆的累计量计算需添加果胶酶和淀粉酶的量。

（7）果浆在酶解澄清罐中经加热、加酶后，保留一定时间使果浆充分酶化澄清。

（8）酶解罐 D401B 液位超高。

4. *酶解输送泵 P401 启动*

（1）打开酶解罐 D401A 出口管线阀门。

（2）左键点击“参数设置”，弹出参数控制及显示界面。

（3）左键点击“启动”，启动酶解输送泵。

（4）打开酶解输送泵 P401 后调节阀。

说明：当酶解罐 D401A 内果汁输送完后，且酶解罐 D401B 中果汁酶解澄清结束，打开酶解罐 D401B 出口管线，关闭酶解罐 D401A 出口管线，实现连续生产。

（六）果汁过滤与脱色吸附

说明：左键点击相关设备会弹出相应界面，右键点击弹出的界面则会隐藏。

1. 超滤装置 FL501 启动

(1)打开超滤装置原液进口阀。

(2)打开超滤装置浓缩液出口循环阀。

(3)待透过液合格后,打开超滤装置透过液出口阀。

2. 清汁罐 D501 启动

(1)左键点击清汁罐 D501,弹出“参数设置”界面。

(2)左键点击“参数设置”,弹出参数控制及显示界面。

(3)待清汁罐 D501 液位高于 10%,启动搅拌电机。

(4)调节进出清汁罐 D501 的流量,控制液位在 65%左右。

(5)清汁罐 D501 液位超高。

3. 清汁输送泵 P502 启动

(1)打开清汁罐 D501 出口管线阀门。

(2)左键点击“参数设置”,弹出参数控制及显示界面。

(3)左键点击“启动”,启动清汁输送泵。

(4)打开清汁输送泵 P502 后调节阀。

4. 树脂吸附器投用

说明:树脂吸附器正常情况下一用一备。

(1)左键点击该设备,弹出“参数设置”界面。

(2)左键点击“参数设置”,弹出参数控制及显示界面。

(3)左键点击树脂吸附器 R501A 对应的“投用”按钮,将树脂吸附器 R501A 投用。

(4)左键点击树脂吸附器 R501B 对应的“投用”按钮,将树脂吸附器 R501B 投用。

(七)果汁真空降膜蒸发浓缩

说明:左键点击相关设备会弹出相应界面,右键点击弹出的界面则会隐藏。

1. 冷凝器 E603 启动

(1)打开冷凝器冷却循环水进口阀。

(2)打开冷凝器冷却循环水出口阀,根据实际情况调节该阀门开度以控制冷凝温度(设计值 20℃)。

2. 真空泵 P603 启动

(1)左键点击“参数设置”,弹出参数控制及显示界面。

(2)左键点击“启动”,启动真空泵。

(3)打开真空泵吸入口调节阀,调节系统真空度。

3. 循环泵 P601 启动

(1)当降膜蒸发器 E601 下部液位达到 30%左右时,左键点击该设备,弹出“参数设置”界面。

(2)左键点击“参数设置”,弹出参数控制及显示界面。

(3)左键点击“启动”,启动循环泵。

(4)打开循环泵出口调节阀,调节果汁循环量。

4. 降膜蒸发器 E601 启动

(1)打开降膜蒸发器加热蒸汽出口阀。

(2)待降膜蒸发器真空度达到要求,循环泵正常运行后,左键点击该设备,弹出“参数设置”

界面。

(3)左键点击“参数设置”,弹出参数控制及显示界面。

(4)设定好蒸发器温度(设计值55℃,对应压力15.732 kPa)。

(5)调节进出降膜蒸发器E601的流量,控制液位在65%左右。

(6)降膜蒸发器E601液位超高。

5.出料泵P602启动

(1)打开调配罐D701进口管线阀门。

(2)当果汁浓度达到要求时,左键点击“参数设置”,弹出参数控制及显示界面。

(3)左键点击“启动”,启动出料泵。

(4)打开出料泵出口调节阀,调节果汁出料量。

6.换热器E602启动

(1)打开换热器冷却循环水进口阀。

(2)打开换热器冷却循环水出口阀,根据实际情况调节该阀门开度以控制果汁冷却温度(设计值20℃)。

7.冷凝水输送泵P604启动

(1)待冷凝器E603底部液位高于50%时,左键点击该设备,弹出“参数设置”界面。

(2)左键点击“参数设置”,弹出参数控制及显示界面。

(3)左键点击“启动”,启动冷凝水输送泵。

(4)打开冷凝水输送泵出口调节阀,调节冷凝水输送量。

(八)调配均质与巴氏杀菌

说明:左键点击相关设备会弹出相应界面,右键点击弹出的界面则会隐藏。

1.调配罐D701启动

(1)左键点击调配罐D701,弹出“参数设置”界面。

(2)左键点击“参数设置”,弹出参数控制及显示界面。

(3)待调配罐D701液位高于10%,启动搅拌电机。

(4)当调配罐D701液位达到65%左右时,关闭调配罐D701进口管线阀门。

(5)待调配罐D701进口管线阀门关闭后,根据果汁的累计量计算需添加调配剂的量。

(6)调节进出调配罐D701的流量,控制液位在65%左右。

(7)调配罐D701液位超高。

2.调配输送泵P701启动

(1)打开无菌罐D702进口管线阀门。

(2)打开调配罐D701出口管线阀门。

(3)当果汁调配达到要求时,左键点击“参数设置”,弹出参数控制及显示界面。

(4)左键点击“启动”,启动调配输送泵。

(5)打开调配输送泵出口调节阀,调节果汁出料量。

3.均质机Y701启动

(1)左键点击均质机Y701,弹出“参数设置”界面。

(2)左键点击“参数设置”,弹出参数控制及显示界面。

(3)左键点击“启动”,启动均质机。

4.后巴氏杀菌机Y702启动

(1)打开后巴氏杀菌机加热蒸汽出口阀。

(2)打开后巴氏杀菌机冷凝水进口阀。

(3)左键点击后巴氏杀菌机装置 Y702,弹出“参数设置”界面。

(4)左键点击“参数设置”,弹出参数控制及显示界面。

(5)待果汁通过设备时,设定好加热蒸汽杀菌温度(设计值 98 ℃)。

(6)待果汁通过设备时,设定好冷凝水冷却温度(设计值 20 ℃)。

5. 无菌罐 D702 启动

(1)左键点击无菌罐 D702,弹出“参数设置”界面。

(2)左键点击“参数设置”,弹出参数控制及显示界面。

(3)待无菌罐 D702 液位高于 10%,启动搅拌电机。

(4)调节进出无菌罐 D702 的流量,控制液位在 65%左右。

(5)无菌罐 D702 液位超高。

(九)无菌灌装与产品包装

说明:左键点击相关设备会弹出相应界面,右键点击弹出的界面会隐藏。

1. 无菌灌装及产品包装设备启动

(1)左键点击“参数设置”,弹出参数控制及显示界面。

(2)待工艺及设备条件满足,启动无菌灌装及包装设备。

三、仿真 DCS 界面

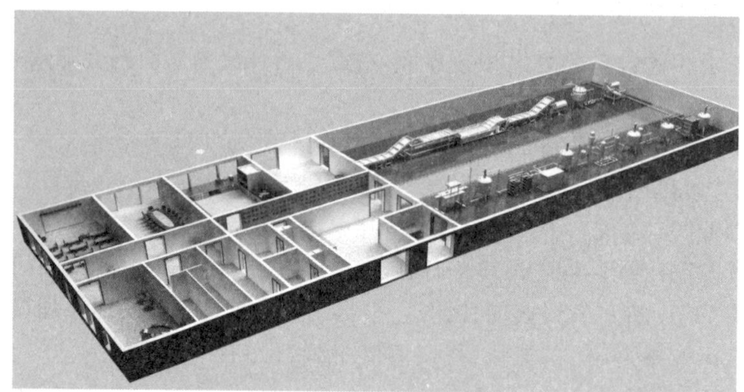

图 3-2 果汁生产车间布局图

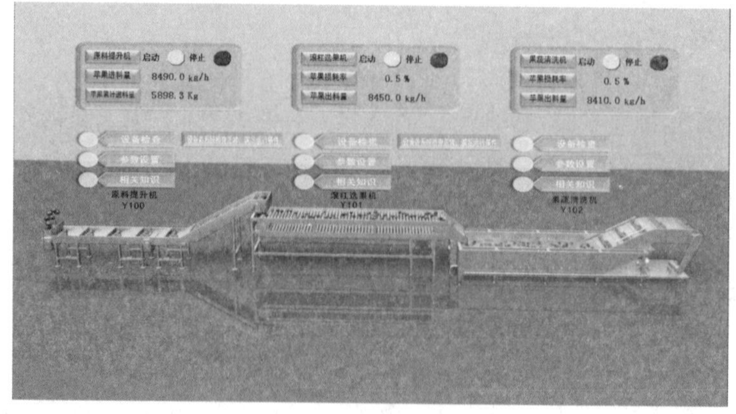

图 3-3 果蔬拣选及果蔬清洗

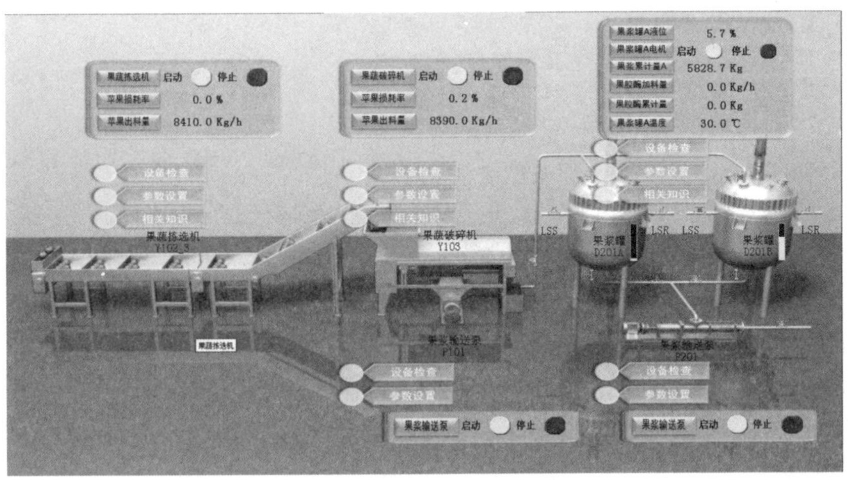

图 3-4　果蔬破碎与果浆暂存

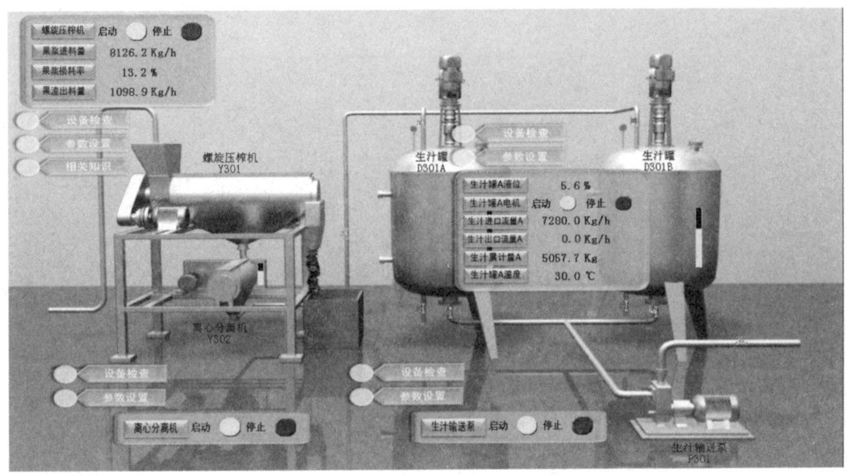

图 3-5　果蔬取汁与果汁暂存

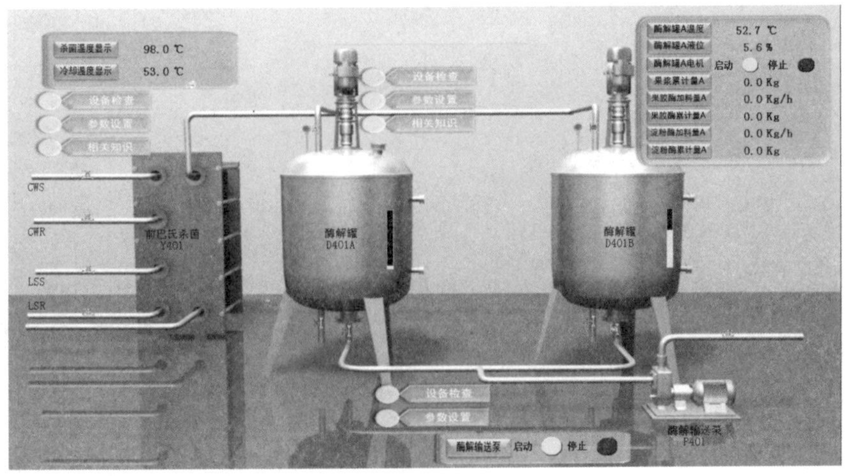

图 3-6　巴氏杀菌与酶解澄清

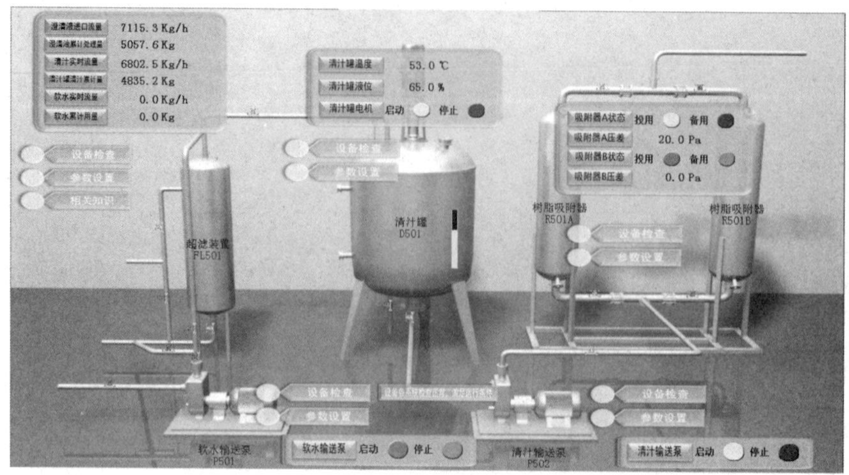

图 3-7　果汁过滤与脱色吸附

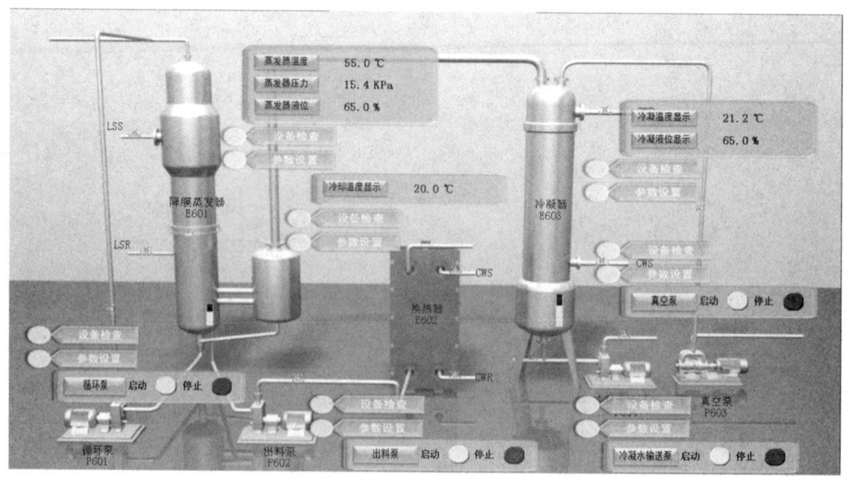

图 3-8　果汁真空降膜蒸发浓缩

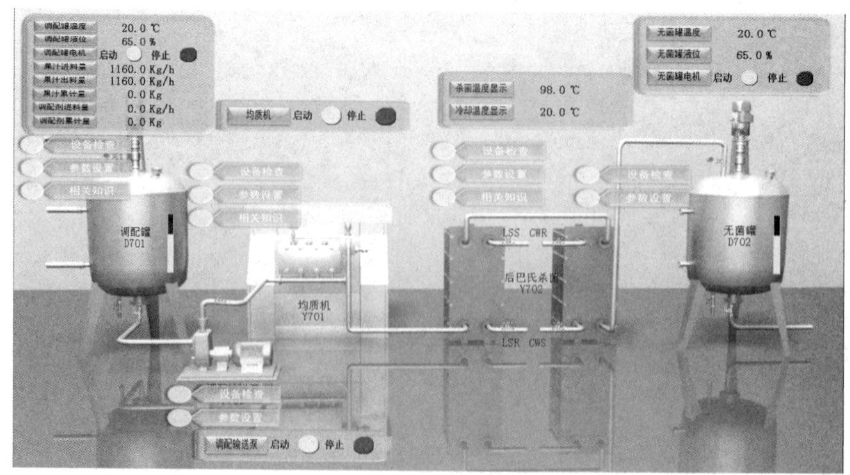

图 3-9　调配均质与巴氏杀菌

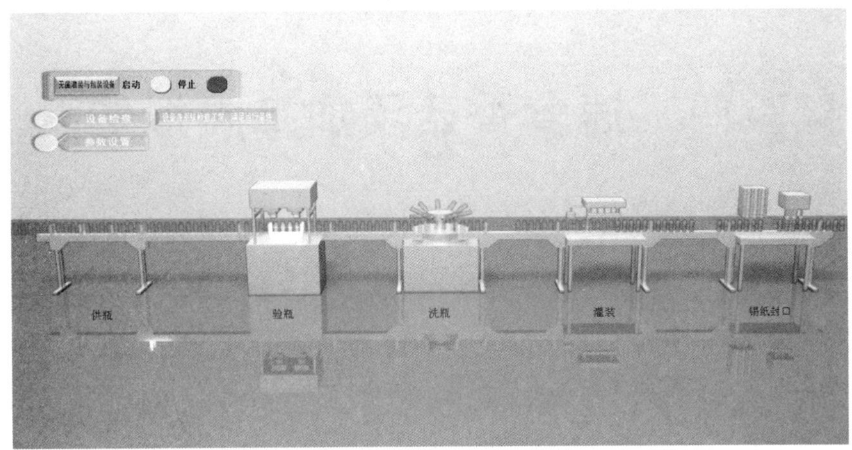

图 3-10 无菌灌装与产品包装

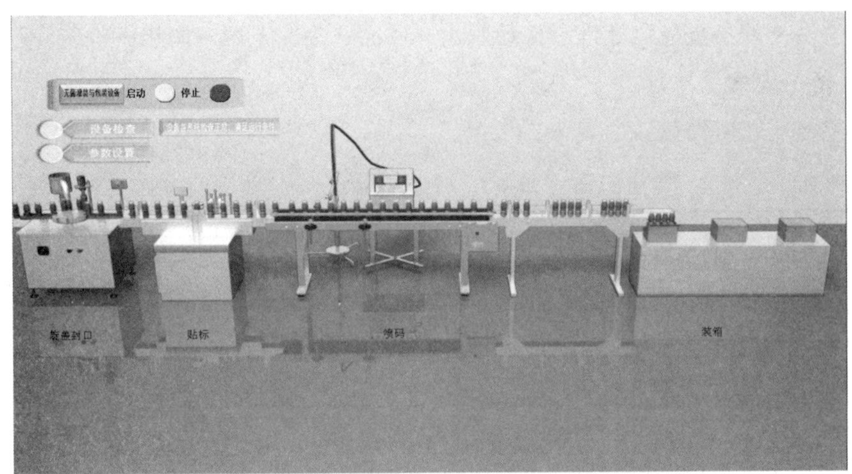

图 3-11 无菌灌装与产品包装

实验四　速食香菇汤加工虚拟仿真

一、装置概述

1. 本软件针对速食香菇汤生产流程进行了仿真。
2. 本章节针对速食香菇汤生产流程的操作进行了介绍。

二、工艺概述

(一)工艺流程

原料清洗→切片→抗氧化处理→振动脱水→速冻→冷冻干燥→调味→包装。

(二)设备一览表

速食香菇汤生产所需设备如表 4-1 所示。

表 4-1　所需设备表

序号	设备位号	设备名称
1	Y100	果蔬清洗机
2	Y101	定向切片机
3	Y102	物料输送机
4	Y200	抗氧化槽
5	Y201	振动脱水筛
6	Y202	托盘+小车
7	Y203	冷冻干燥设备
8	Y301	干燥箱
9	Y302	冷凝室
10	C301	制冷压缩机
11	P301	冷凝水输送泵
12	P302	循环管道泵
13	P303	真空泵
14	E301	热交换器
15	E302	热交换器
16	E303	电加热器
17	Y401	调味机

续表

序号	设备位号	设备名称
18	Y501	包装机
19	Y502	打包机
20	Y503	收膜机

三、操作规程

(一)投料前的准备工作

说明:左键点击相关设备会弹出相应界面,右键点击弹出的界面则会隐藏。

1. 果蔬清洗机 Y100 设备检查

(1)左键点击该设备,弹出“设备检查”界面。

(2)左键点击“设备检查”,弹出“设备各系统检查正常,满足运行条件”。

2. 定向切片机 Y101 设备检查

(1)左键点击该设备,弹出“设备检查”界面。

(2)左键点击“设备检查”,弹出“设备各系统检查正常,满足运行条件”。

3. 物料输送机 Y102 设备检查

(1)左键点击该设备,弹出“设备检查”界面。

(2)左键点击“设备检查”,弹出“设备各系统检查正常,满足运行条件”。

4. 抗氧化槽 Y200 设备检查

(1)左键点击该设备,弹出“设备检查”界面。

(2)左键点击“设备检查”,弹出“设备各系统检查正常,满足运行条件”。

5. 振动脱水筛 Y201 设备检查

(1)左键点击该设备,弹出“设备检查”界面。

(2)左键点击“设备检查”,弹出“设备各系统检查正常,满足运行条件”。

6. 冷冻干燥设备 Y203 设备检查

(1)左键点击该设备,弹出“设备检查”界面。

(2)左键点击“设备检查”,弹出“设备各系统检查正常,满足运行条件”。

7. 包装机 Y501 设备检查

(1)左键点击该设备,弹出“设备检查”界面。

(2)左键点击“设备检查”,弹出“设备各系统检查正常,满足运行条件”。

8. 打包机 Y502 设备检查

(1)左键点击该设备,弹出“设备检查”界面。

(2)左键点击“设备检查”,弹出“设备各系统检查正常,满足运行条件”。

9. 收膜机 Y503 设备检查

(1)左键点击该设备,弹出“设备检查”界面。

(2)左键点击“设备检查”,弹出“设备各系统检查正常,满足运行条件”。

(二)香菇清洗与香菇切片

说明:左键点击相关设备会弹出相应界面,右键点击弹出的界面则会隐藏。

1. 果蔬清洗机 Y100 启动

(1)左键点击“参数设置”,弹出参数控制及显示界面。

(2)左键点击“启动”,启动果蔬清洗机。

(3)根据生产需要,输入香菇进料量(范围:0～1500 kg/h,设计值 1125 kg/h)。

2. 定向切片机 Y101 启动

(1)左键点击“参数设置”,弹出参数控制及显示界面。

(2)左键点击“启动”,启动定向切片机。

(3)根据香菇实际损耗,输入香菇损耗率(范围:0～100%,设计值 2.22%)。

3. 物料输送机 Y102 启动

(1)左键点击“参数设置”,弹出参数控制及显示界面。

(2)左键点击“启动”,启动物料输送机。

(三)香菇抗氧化与香菇预冻

说明:左键点击相关设备会弹出相应界面,右键点击弹出的界面则会隐藏。

1. 抗氧化槽 Y200 启动

(1)左键点击“参数设置”,弹出参数控制及显示界面。

(2)左键点击“启动”,启动抗氧化槽。

2. 振动脱水筛 Y201 启动

(1)左键点击“参数设置”,弹出参数控制及显示界面。

(2)左键点击“启动”,启动振动脱水筛。

3. 冷冻干燥设备 Y203 启动

(1)待振动脱水筛后的托盘中香菇片装满后,左键点击小车,将小车推到振动脱水筛前。

(2)左键点击托盘,给小车装货。

(3)左键点击带托盘的小车,将小车移至冷冻干燥设备前。

(4)左键点击冷冻干燥设备干燥库门,打开库门。

(5)左键点击小车,将装满香菇片的托盘移至冷冻干燥设备干燥室。

(6)右键点击冷冻干燥设备干燥库门,关闭库门。

(7)左键点击空的小车,将小车移至放车处。

(四)香菇真空冷冻干燥

说明:左键点击相关设备会弹出相应界面,右键点击弹出的界面则会隐藏。

(1)打开冷却水循环泵后调节阀 V1。

(2)启动冷却水循环泵。

(3)打开循环管道泵后调节阀 V2。

(4)启动循环管道泵,循环大约 10 秒钟。

(5)启动制冷压缩机。

(6)启动制冷压缩机 10 秒钟后打开干燥箱电磁阀 V3。

(7)左键点击托盘温度显示仪表,弹出温度程序设定界面。

(8)根据工艺要求设定好温度和时间,点击“ENTER”确认,对物料进行预冻(参考温度 −20～−35 ℃,降温速率 1 ℃/min,保持时间约为 90 min)。

(9)待预冻时间达到,关闭干燥箱电磁阀 V3,打开冷凝室电磁阀 V4。

(10)左键点击温度显示仪表,弹出温度程序设定界面。

(11)根据工艺要求设定好温度和时间,点击“ENTER”确认,对冷凝室进行降温(参考温度−35～−50 ℃,保持时间根据工艺操作确定)。

(12)等温度降至设定温度并保持一段时间后,启动真空泵抽真空。

(13)打开干燥箱冷凝室阀门 V6。

(14)调节真空泵抽气调节阀 V5,控制好干燥箱压力(参考干燥箱压力 30～60 Pa,具体根据工艺相应的操作确定)。

(15)待干燥箱压力达到要求后,启动电加热器,对干燥箱板层加热,提供升华潜热升华干燥(参考温度−20～−25 ℃,时间约为 4～5 h)。

(16)解析干燥:根据工艺要求设定好温度和时间,点击“ENTER”确认,对物料进行加热(参考温度 45 ℃,时间约为 8～9 h)。

(17)当料温与板层温度趋于一致时,干燥过程即可结束。

(18)关闭真空泵。

(19)关闭制冷压缩机。

(20)关闭冷凝室电磁阀 V4。

(21)关闭电加热器。

(22)关闭循环管道泵。

(23)打开放气阀,使箱内压力恢复到大气压。

(24)制品出箱后,关闭冷却水循环泵。

(五)速食香菇汤调配与包装

说明:左键点击相关设备会弹出相应界面,右键点击弹出的界面则会隐藏。

1. 包装机 Y501 启动

(1)左键点击“参数设置”,弹出参数控制及显示界面。

(2)左键点击“启动”,启动包装机。

2. 打包机 Y502 启动

(1)左键点击“参数设置”,弹出参数控制及显示界面。

(2)左键点击“启动”,启动打包机。

3. 收膜机 Y503 启动

(1)左键点击“参数设置”,弹出参数控制及显示界面。

(2)左键点击“启动”,启动收膜机。

四、仿真 DCS 界面

图 4-1　速食香菇汤加工工艺设备图

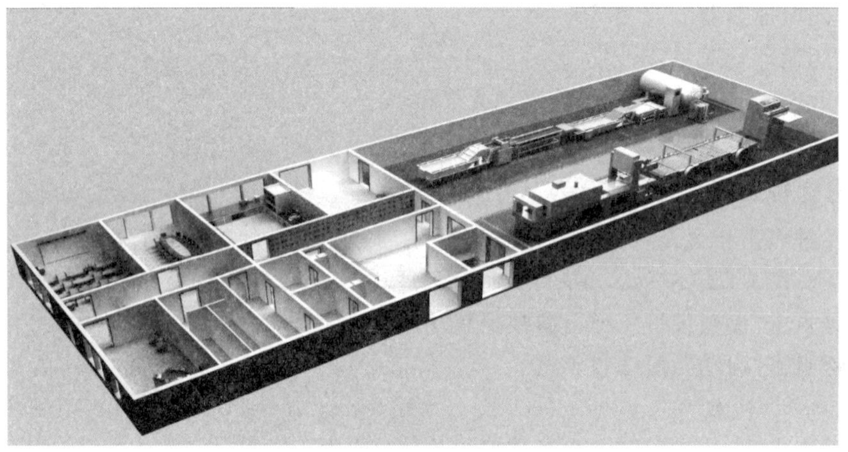

图 4-2　速食香菇汤车间布局图

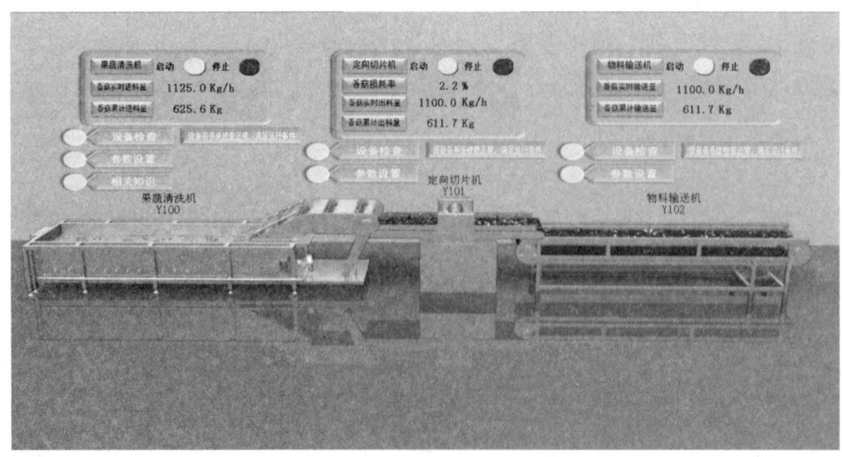

图 4-3　香菇清洗与香菇切片

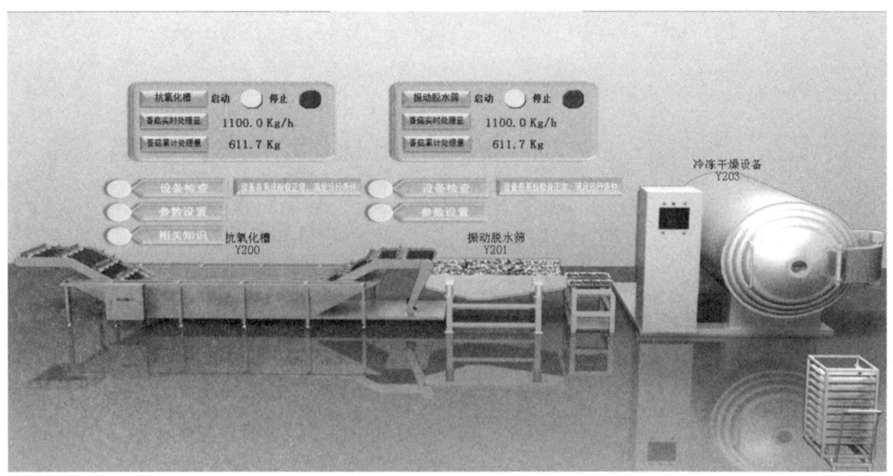

图 4-4　香菇抗氧化与香菇预冻

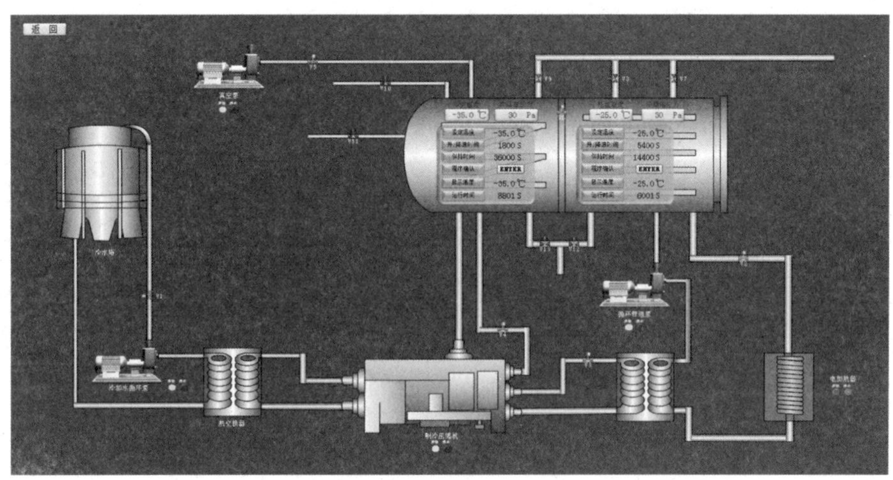

图 4-5　香菇真空冷冻干燥

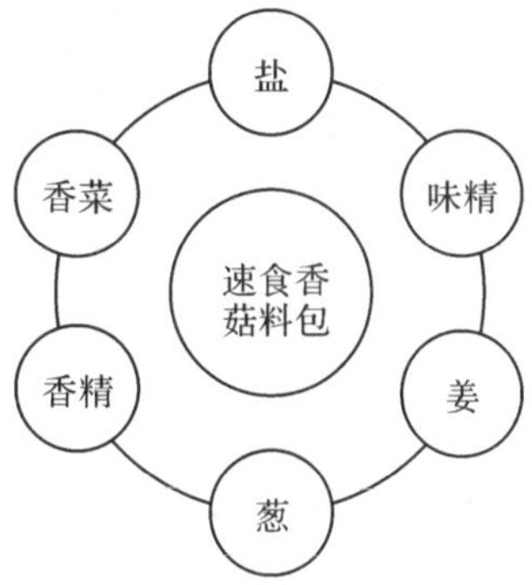

图 4-6　速食香菇汤配料

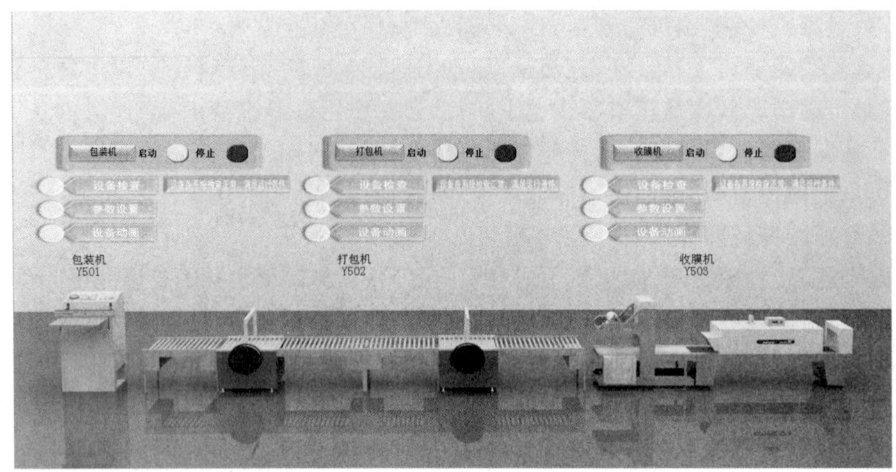

包装机
启动
停止
设备检查
参数设置
设备动画
包装机
Y501
打包机
启动
停止
设备检查
参数设置
设备动画
打包机
Y502
收膜机
启动
停止
设备检查
参数设置
设备动画
收膜机
Y503

图 4-7　速食香菇汤包装

实验五　真空油炸果蔬脆片加工虚拟仿真

一、基础知识

(一)工艺技术简介

真空低温油炸，是指在真空状态下，使果蔬处于负压状态，以抗氧化能力强的植物油为传热介质，令果蔬细胞间隙中的水分(自由水和部分结合水)急剧蒸发而喷出，这个方法大大缩短了加工周期。在真空条件下，急剧汽化的水分使切片体积迅速增加，间隙膨胀，形成酥松多孔的组织结构，从而具有良好的膨化效果，加之进行低温油炸，故产品酥脆可口，又富有脂肪香味。同时，较低的加工温度有效地避免了高温对食品营养成分的破坏和使油质劣化；在相对缺氧的状态下操作还可减轻或避免氧化作用带来的危害，如脂肪酸败、酶促褐变或其他氧化变质等。真空低温油炸干燥将脱水干燥和油炸有机结合，可生产出兼有这两者工艺效果的高新技术食品。

(二)工艺特点

真空油炸的油温低，操作时处于缺氧或少氧状态，油脂与氧接触少，因此，油脂的氧化、聚合、分解等劣化反应速度减慢。所以真空油炸不必添加抗氧化剂，并且油可以反复使用。据报道，真空油炸同一品种产品在30次以上时，油炸用油仍然符合国家有关标准。由此可见，真空油炸可以有效地降低耗油量。

真空可以形成压力差，借助压力差的作用，能够加速物料中分子的运动和气体扩散，从而提高物料处理的速度和均匀性。在足够低的压强下，物料组织因外压的降低将产生一定的膨松作用；物料组织中的气体在压力差作用下，很容易扩散出来并被及时抽出，因而有良好的脱气作用；真空状态还缩短了物料浸渍、脱气、脱水的时间。在低温条件下对物料进行脱气操作时，若对物料再施以外压，则可得到组织致密的产品。

真空油炸可以造成低氧的环境，缺氧环境能有效抑制嗜氧性细菌和某些有害的微生物繁殖，减轻或避免物料及炸油的腐败速度，抑制了霉变和细菌侵染，有利于产品储存期的延长。

采用真空油炸，油炸温度大大降低，而且油炸釜内的氧气浓度也大幅度降低。油炸食品不易褪色、变色、褐变，可以保持原料本身颜色。同时，原料在封闭条件下被加热，原料中的呈味成分大多数为水溶性，在油脂中并不会溶出，随着原料的脱水，这些呈味成分进一步得到浓缩。真空油炸可以很好地保持原料的色泽和风味。

真空油炸可以降低物料中水分的蒸发温度，与常压相比，热能消耗相对较小，由于温度低(如果蔬脆片的油炸温度在90 ℃)，可以减少甚至防止食品物料中维生素等热敏性成分的破坏和损失，有利于保持食品的营养成分，避免食品的焦化，从而提高产品质量。

二、工艺概述

(一)真空油炸果蔬脆片流程综述

将合格的苹果倒入苹果清洗机,在清洗槽内将原料苹果经过气浴段处理后缓慢漂送至提升装置的入口处,在提升装置前,苹果应被带有隔板的传送带分批送至脱皮装置,同时,在提升传输的过程中,由上部的高压喷淋装置对苹果进行二次清洗操作,确保苹果得到足够充分的清洁处理。分批输送的苹果有序地进入削皮机,在削皮机中经过脱皮、去核后再次进入相应的传送装置,通过传送带缓慢地被送至切片机,在切片机中经过离心式切片操作,使薄厚程度符合油炸时的处理要求。薄厚一致的切片由传送带送至抗氧化处理槽,在槽内经过充足的时间处理后进入速冻装置,切片在液氮速冻机中经过速冻处理后即可送至真空油炸装置。接下来将速冻后的切片装入篮筐中,并把篮筐缓慢装入油炸罐中进行油炸处理。待切片油炸合格后,分批将切片装入包装袋中,通过传送装置将包装袋送至真空充氮装置。最后将真空充氮处理的产品送至成品区,准备外销处理。

(二)所需设备

真空油炸果蔬脆片制作所需设备如表 5-1 所示。

表 5-1 真空油炸果蔬脆皮制作所需设备表

序号	设备位号	设备名称
1	Q101	清洗机
2	X101	削皮机
3	QP101	切片机
4	K101	抗氧化槽
5	L101	冷冻机
6	B101	真空充氮包装机
7	D101	打包机
8	S101	收膜机
9	V101	油炸罐
10	V102	凝液收集罐
11	V103	液氮罐
12	P101	退油泵
13	P102	凝液泵
14	P103	真空泵
15	E101	真空冷却器
16	E102	板式换热器

(三)主要参数

真空油炸果蔬脆片制作主要工艺参数如表 5-2 所示。

表 5-2　真空油炸果蔬脆片制作主要技术参数表

参数名称	控制目的	标准值	单位	监测手段
花生油进料量	确定花生油量	200	t/h	FIC101
苹果投放量	确定油炸物料量	30	t/h	苹果投放量
油炸罐压力	确保压力正常	0.1	atm	PT101
油炸罐液位	确保液位正常	50	%	LT101
油炸罐温度	确保油炸温度正常	95	℃	TT101
凝液罐压力	确保压力正常	1.0	atm	PT102
凝液罐液位	确保液位正常	50	%	LT102
退油出料量	确保流量正常	0	t/h	FIC102
凝液出料量	确保流量正常	0	t/h	FIC103
清洗机液位	确保液位正常	60	%	注水量
抗氧化槽液位	确保液位正常	60	t/h	注水量

三、操作规程

(一)清洗系统投用

1.将鼠标移动至主要设备附近,单击设备“清洗机”。

2.出现控制盘后,单击“设备检查”按钮,提示设备正常后,方可进行下面操作。

3.单击“工艺参数”按钮,对该设备的工艺参数进行调整;

4.点击“系统注水”数字框,将注水流量设置为 10 m^3/h。

5.观察“槽内液位”变化,当液位显示在 60%左右时,将注水流量置为 0 m^3/h。

6.依次单击喷淋机启动按钮。

7.单击鼓风机启动按钮。

8.单击清洗机启动按钮。

9.清洗机上所有设备均运行正常后,准备向清洗机中倾倒苹果。

10.将苹果投入量调整至 32 kg/h。

11.单击“工艺优化”按钮,对相关知识进行学习。

(二)削皮机系统投用

1.将鼠标移动至主要设备附近,单击设备削皮机。

2.出现控制盘后,单击“设备检查”按钮,提示设备正常后,方可进行下面操作。

3.单击“工艺参数”按钮,对该设备的工艺参数进行调整。

4.单击削皮机启动按钮。

5.将苹果投入量调整至 32 kg/h。

6.单击“工艺优化”按钮,对相关知识进行学习。

(三)切片机系统投用

1.将鼠标移动至主要设备附近,单击设备“切片机”。

2.出现控制盘后,单击“设备检查”按钮,提示设备正常后,方可进行下面操作。

3. 单击"工艺参数"按钮，对该设备的工艺参数进行调整。
4. 单击切片机启动按钮。
5. 将"苹果投入量"调整至 30 kg/h。
6. 单击"工艺优化"按钮，对相关知识进行学习。

(四)抗氧化槽系统投用

1. 将鼠标移动至主要设备附近，单击设备"抗氧化槽"。
2. 出现控制盘后，单击"设备检查"按钮，提示设备正常后，方可进行下面操作。
3. 单击"工艺参数"按钮，对该设备的工艺参数进行调整。
4. 点击"系统注水"数字框，将注水流量设置为 10 m^3/h。
5. 观察"槽内液位"变化，当液位显示在 60%左右时，将注水流量置为 0 m^3/h。
6. 单击"含糖量"数字框，将糖的质量分数设置为 10%～15%。
7. 单击"含氯化钠量"数字框，将氯化钠的质量分数设置为 0.4%～0.8%。
8. 单击"含柠檬酸量"数字框，将柠檬酸的质量分数设置为 0.4%～0.8%。
9. 槽内各组分按抗氧化液的规格调配好后，启动"抗氧化槽"。
10. 数分钟后，抗氧化液中各组分充分混合均匀。
11. 将切片后的苹果倒入抗氧化槽中，流量调整至 30 kg/h。

(五)冷冻机系统投用

1. 将鼠标移动至主要设备附近，单击设备"冷冻机"。
2. 出现控制盘后，单击"设备检查"按钮，提示设备正常后，方可进行下面操作。
3. 单击"工艺参数"按钮，对该设备的工艺参数进行调整。
4. 单击"冷冻机"启动按钮。
5. 将"果片投入量"调整至 27 kg/h。
6. 单击液氮喷淋阀"开"按钮，对苹果片进行冷冻处理。

(六)油炸系统建液位

1. 单击 PV102 控制器，提高"阀位开度"数值，确保系统压力与大气相通。
2. 收集罐 V102 建立液位。
3. 缓慢疏通收集罐 V102 补水手阀 VA101，给 V102 罐建立液位。
4. 当 V102 罐液位涨至 30%左右时，关闭 VA101。
5. 收集罐 V101 建立液位。
6. 单击"FIC101 控制器"。
7. 在对话框中，缓慢增加"阀位开度"显示数值，给 V101 罐建液位。
8. 当 V101 罐液位涨至 45%左右时，将"阀位开度"数值设为 0，停止建液位操作。

提示：为节省该过程的操作时间，可调整"仿真时针"的设置参数。

(七)油炸系统投用冷却水

1. 单击真空冷却器 E101 设备。
2. 在对话框中，单击 E101 进水阀"开"按钮，对设备进行注水。
3. 在对话框中，单击 E101 回水阀"开"按钮，完成冷却器循环水系统。
4. 单击板式换热器 E102 设备。
5. 在对话框中，单击板式换热器 E102 进水阀"开"按钮。

6.在对话框中，单击板式换热器 E102 回水阀“开”按钮，完成冷却器循环水系统。

(八)油炸系统预热

1.检查凝液疏水器是否正常(仿真系统默认正常)。

2.单击“TIC101 控制器”。

3.在对话框中，调整“阀位开度”数值，通过蒸汽加热油炸罐内油料，使系统油处于缓慢升温状态。

4.当系统油温度达到 85 ℃时，将“阀位开度”数值置为 0.0，即关闭蒸汽控制阀 TV101，停止加热。

提示：为节省该过程的操作时间，可调整“仿真时针”的参数设置。

(九)油炸系统投料(苹果片)

1.待油加热至 85 ℃后，再进行下面操作。

2.点击界面上“真空油炸机电气柜”。

3.在对话框中，点击“油炸参数”选项。

4.单击“苹果投放量”数值框，输入此次苹果片的投放量，暂定为 30 kg/h。

5.再次确认油炸锅门是否关紧(软件默认已关紧)。

6.单击“TIC101 控制器”。

7.在对话框中，调整“阀位开度”数值，疏通加热蒸汽控制阀，使温度缓慢上升。

8.当油炸罐温度显示 95 ℃左右时，单击“TIC101 控制器”的“自动”按钮。

9.单击“设定值”的数值框，输入 95 ℃，即完成油炸温度设定工作。

(十)油炸系统抽真空

1.真空泵 P103 建液环液。

2.单击“凝液泵 P102 设备本体”。

3.在对话框中，单击“入口阀”的“开”按钮，疏通凝液泵 P102 入口手阀，进行灌泵。

4.灌泵结束后，再单击“操作按钮”的“启动”按钮，启动 P102 泵。

5.单击“出口阀”的“开”按钮，疏通凝液泵 P102 出口阀。

6.单击“真空泵设备本体”。

7.在对话框中，单击“液环液阀”的数值框，输入数值，完成真空泵建立液环液过程。

8.启动真空泵 P103。

9.在“真空泵控制盘”中，单击“出口阀”的“开”按钮，打开真空泵 P103 出口阀。

10.再单击“操作按钮”的“启动”按钮，即启动 P103 真空泵。

11.在“真空泵控制盘”中，单击“入口阀”的“开”按钮，疏通真空泵 P103 出口阀，缓慢调节真空泵 P103 入口阀，确保系统内压力处于缓慢下降状态即可。

12.通过“PIC101 控制器”的“阀位开度”数值，调节 V101 气相回流控制阀 PV101，使系统内压力维持在 0.1 atm 左右。

13.当油炸罐压力显示 0.1 atm 左右时，单击“PIC101 控制器”的“自动”按钮。

14.在“设定值”的数值框中，输入 0.1，将油炸罐内压力设置为 0.1 atm。

15.通过“PIC102 控制器”的“阀位开度”数值，调节 V102 气相回流控制阀 PV102，使 V102 系统内压力处于常压状态。

16.单击“PIC102 控制器”的“自动”按钮。

17. 在“设定值”的数值框中，输入 1，将 V102 内压力设置为 1 atm。

提示：在该过程中，不建议调整“仿真时针”的参数设置。

（十一）真空油炸过程

该系统提供两种油炸方式：自动与手动（二选一）。

（十二）手动方式（系统默认为手动方式）

1. 单击“液压装置”设备本体，进入相应对话框。

2. 在对话框中，单击“操作按钮”中的“启动”按钮。

3. 依次单击“电气柜”“油炸方式”，进入相应对话框。

4. 在油炸方式中，确认“油炸方式”旋钮处于手动状态（手动按钮的背景色为蓝色）。

5. 单击“液压杆下降”按钮，使苹果片浸入油中。

6. 在苹果片下降过程中，油罐的液位会小幅上升。

7. 实际生产中，可通过视窗观察油炸情况，根据油面气泡的大小延长或缩短油炸时间。

8. 仿真软件中以油炸罐液位、油炸时间、加热蒸汽阀情况等作为油炸结束的依据。

情况一：当油炸罐液位长时间（3 min 以上）维持在某一液位不变时，说明果片中的水分已全部蒸出。

情况二：当系统温度已通过关闭蒸汽阀来保证时，说明系统内已没有热量传递，果片中的水分已全部蒸出。

情况三：当油炸时间在 15 min 左右时，可以认为果片中的水分已全部蒸出，油炸结束。

（十三）自动方式

1. 单击“液压装置”设备本体，进入相应对话框。

2. 在对话框中，单击“操作按钮”中的“启动”按钮。

3. 单击“油炸方式”中的“自动”按钮，确认“油炸方式”处于自动状态。

4. 油炸机进入自动程序，包括液压杆下降、液压杆提升、离心脱油等步骤。

5. 通过“油炸方式”对话框中，各指示灯的明暗程度进行区分当前状态。

6. 实际生产中，可通过视窗观察油炸情况，根据油面气泡的大小延长或缩短油炸时间。

7. 仿真软件中以油炸罐液位、油炸时间、加热蒸汽阀情况等作为油炸结束的依据。

情况一：当油炸罐液位长时间（3 min 以上）维持在某一液位不变时，说明果片中的水分已全部蒸出。

情况二：当系统温度已通过关闭蒸汽阀来保证时，说明系统内已没有热量传递，果片中的水分已全部蒸出。

情况三：当油炸时间在 15 min 左右时，可以认为果片中的水分已全部蒸出，油炸结束。

（十四）离心脱油阶段

油炸结束后，系统进入离心脱油阶段。

1. 在油炸方式控制面板中，单击“液压杆提升”按钮（灯由红色变为绿色）。

2. 在提升过程中，油罐中液位会缓慢下降。

3. 当油罐液位不再下降，即提升按钮变为红色后，单击离心按钮，此时，系统处于离心脱油状态。

4. 当油罐液位不再下降，即离心按钮变为红色后，停止离心操作，准备出料。

提示：在该过程中，不建议调整“仿真时针”的参数设置。

(十五)油炸系统破真空

1. 单击“真空泵”设备本体。

2. 在对话框中，单击“入口阀”的“关”按钮，关闭真空泵 P103 入口阀。

3. 再单击“操作按钮”的“停止”按钮，令“真空泵”停止运行。

4. 停真空泵 P103。

5. 在对话框中，单击“出口阀”的“关”按钮，关闭真空泵 P103 出口阀。

6. 在“液环液阀”的数值框中，输入 0.0，关闭液环液手阀。

7. 此时系统仍处于真空状态。

8. 单击“凝液泵”设备本体。

9. 在对话框中，单击“出口阀”的“关”按钮，关闭凝液泵 P102 出口阀。

10. 再单击“操作按钮”的“停止”按钮，“凝液泵”停止运行。

11. 停凝液泵 P102。

12. 破真空：单击“PIC101 控制器”，通过调整“阀位开度”的数值，使 V101 内压力趋于常压；单击“PIC102 控制器”，通过调整“阀位开度”的数值，使 V102 内部相与大气相连，压力趋于常压；此时系统内压力会缓慢上升，直至常压(与大气压力平衡)。

提示：为节省该过程的操作时间，可调整“仿真时针”的参数设置。

(十六)油炸系统退料

将真空油炸锅门旋钮拧开，将油炸好的苹果送至下一工段处理——系统退料。

1. 软件默认系统温度已降至退油操作允许的范围。

2. 单击“退油泵”设备本体。

3. 在对话框中，单击“入口阀”的“开”按钮，疏通退油泵 P101 入口阀。

4. 再单击“操作按钮”中“启动”按钮，“退油泵”运行。

5. 启动退油泵 P101，注意泵压力变化。

6. 在对话框中，单击“出口阀”的“开”按钮，疏通退油泵 P101 出口阀，注意泵出口压力。

7. 单击“FIC102 控制器”。

8. 在对话框中，调整“阀位开度”数值框中的数值，疏通退油控制阀，使油炸罐 V101 液位呈下降趋势。

9. 当油炸罐中的油全部泵空后，单击“P101 控制盘”中出口阀“关闭”按钮，关闭退油泵 P101 出口阀。

10. 再单击“操作按钮”中“停止”按钮，退油泵停止运行。

11. 停止退油泵 P101。

12. 单击“凝液泵”设备本体。

13. 在对话框中，单击“入口阀”中“开”按钮，疏通凝液泵 P102 入口阀 VDIP102。

14. 再单击“操作按钮”中“启动”按钮，“凝液泵”运行。

15. 启动凝液泵 P102，注意泵压力变化。

16. 在对话框中，单击“出口阀”的“开”按钮，疏通凝液泵 P102 出口阀，时刻注意泵出口压力。

17. 单击“FIC103 控制器”。

18. 在对话框中，调整“阀位开度”数值框中的数值，疏通凝液控制阀，使油炸罐 V102 的液位呈下降趋势。

19. 当油炸罐中的油全部泵空后，单击“P103 控制盘”中出口阀“关闭”按钮，关闭凝液泵 P102 出口阀。

20. 再单击“操作按钮”中“停止”按钮，即“凝液泵”停止运行。

21. 停凝液泵 P102。

(十七)包装系统投用

1. 依次单击任意设备本体、“工艺参数”选项。
2. 在对话框中，单击“包装机”的“启动”按钮，启动真空充氮包装机。
3. 在对话框中，单击“打包机”的“启动”按钮，启动打包机。
4. 在对话框中，单击“收膜机”的“启动”按钮，启动收膜机。
5. 在“包装总量”数值框中，输入此批次脆片的总进料量，暂定为 8 kg/h。
6. 在“净重”的数值框中，输入每袋产品的重量 400 g/袋，对苹果片进行包装。
7. 将称量后的苹果片，放上真空充氮包装机平台，进行真空充氮作业。
8. 将苹果脆片按一定顺序排放到包装箱内，进行打包处理。
9. 打包处理后，将包装箱送至收膜工段，进行收膜处理。
10. 最后，将包装箱统一送至仓库，以便装车、外售。

(十八)辅助系统停运

1. 清洗机

(1)单击“清洗机”设备本体。

(2)选择“工艺参数”选项。

(3)在对话框中，将苹果投入量设置为 0.0，停止向系统内加入苹果原料。

(4)在对话框中，单击“喷淋机”的“停止”按钮，停止喷淋机。

(5)在对话框中，单击“压缩机”的“停止”按钮，停止压缩机。

(6)在对话框中，单击“清洗机”的“停止”按钮，停止清洗机。

2. 削皮机

(1)单击“削皮机”设备本体。

(2)选择“工艺参数”选项。

(3)在对话框中，将苹果投入量设置为 0.0，停止向系统内加入苹果原料。

(4)在对话框中，单击“削皮机”的“停止”按钮，即停止削皮机。

3. 切片机

(1)单击“切片机”设备本体。

(2)选择“工艺参数”选项。

(3)在对话框中，将苹果投入量设置为 0.0，停止向系统内加入苹果原料。

(4)在对话框中，单击“切片机”的“停止”按钮，即停止切片机。

4. 抗氧化槽

(1)单击“抗氧化槽”设备本体。

(2)选择“工艺参数”选项。

(3)在对话框中，将苹果投入量设置为 0.0，停止向系统内加入苹果原料。

(4)在对话框中，单击“抗氧化槽”的“停止”按钮，停止抗氧化槽。

5. 冷冻机

(1)单击“冷冻机”设备本体。

(2)选择“工艺参数”选项。

(3)在对话框中，将苹果投入量设置为 0.0，停止向系统内加入苹果原料。

(4)在对话框中，单击“冷冻机”的“停止”按钮，停止冷冻机。

6. 包装机

(1)单击“包装工序”任意设备本体。

(2)选择“工艺参数”选项。

(3)在对话框中，将苹果投入量设置为 0.0，停止向系统内加入苹果原料。

(4)在对话框中，单击“包装机”的“停止”按钮，停止运真空充氮包装机。

(5)在对话框中，单击“打包机”的“停止”按钮，停止运打包机。

(6)在对话框中，单击“收膜机”的“停止”按钮，停止运收膜机。

四、仿真 DCS 界面

(一)流程画面

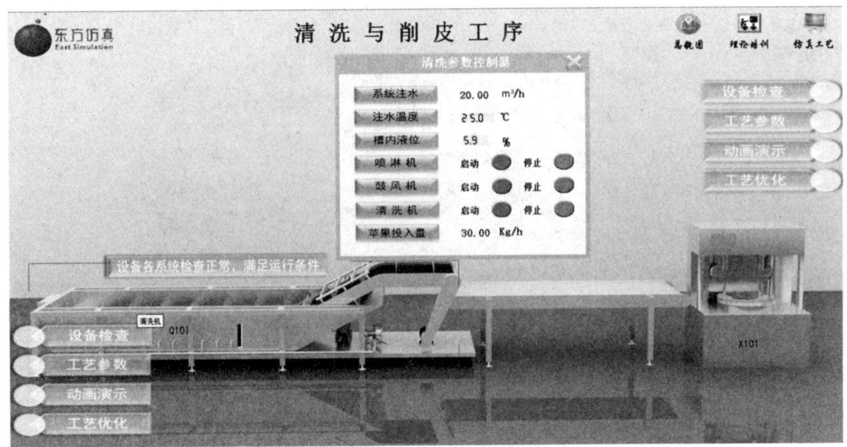

图 5-1　清洗与削皮工序

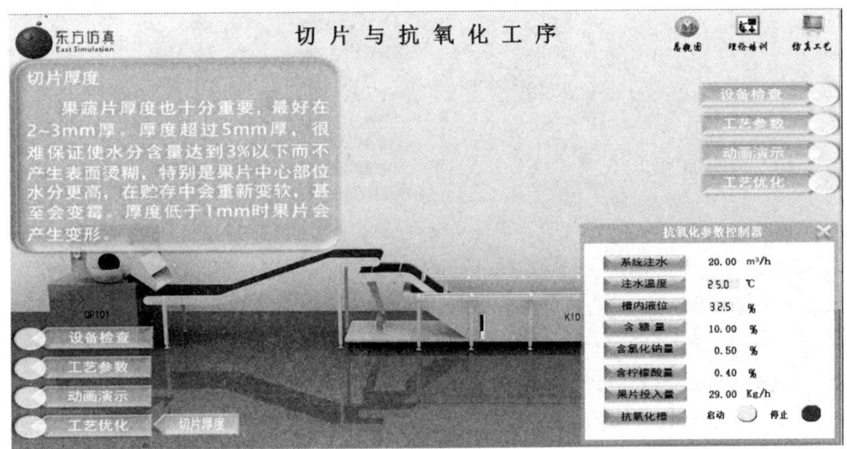

图 5-2　切片与抗氧化工序

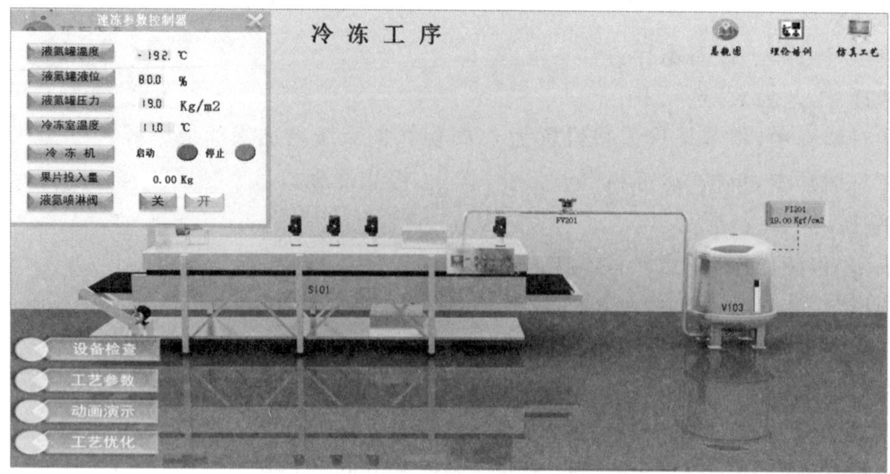

图 5-3　冷冻工序

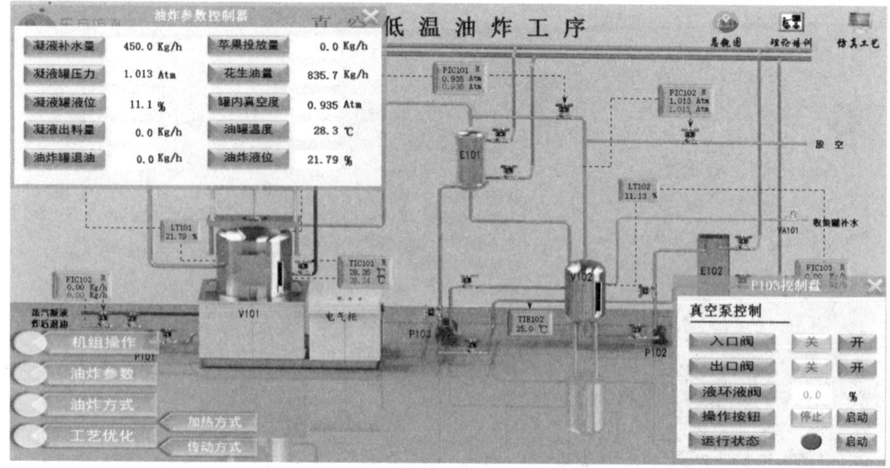

图 5-4　真空低温油炸工序

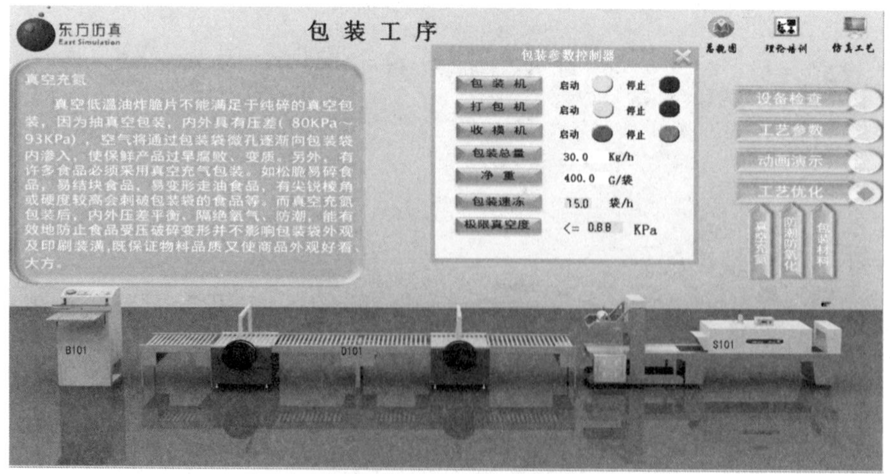

图 5-5　包装工序

(二)理论培训画面

总貌图　理论培训　仿真工艺

真空低温油炸技术

真空低温油炸，是指在真空状态下，使果蔬处于负压状态，以抗氧化能力强的植物油为传热介质，果蔬细胞间隙中的水分会急剧蒸发而喷出，汽化的水分使果蔬片体积迅速增加，间隙膨胀形成酥松多孔的组织结构，从而具有良好的膨化果，故产品酥脆可口。

同时，较低的加工温度有效地避免了高温对食品营养成分的破坏和使油质劣化。真空低温油炸将脱水干燥和油炸有机结合，可生产出兼有这两者工艺效果的高新技术食品。

核心工艺特点　果蔬脆片特性　培　训　室

图 5-6　真空低温油炸技术理论培训

总貌图　理论培训　仿真工艺

核心工艺特点

系统温度

脱油方式

该工艺所配置的核心设备是真空油炸机组，可提供相对高的真空度，有利于降低油炸温度，提高物料内的热量，从而提高产品的品质，降低能源的消耗。

高真空度尤其是脱油时，是避免油脂渗入脆片内部深层组织的重要保证。如若油脂过量渗入脆片内部组织，将会导致炸制出的脆片油腻、不松脆。

真空油炸技术　果蔬脆片特性　培　训　室

图 5-7　核心工艺特点理论培训之系统压力

总貌图　理论培训　仿真工艺

核心工艺特点

系统压力

脱油方式

采用真空油炸技术，油炸温度大大降低，且系统处于缺氧或少氧状态，油脂与氧接触少，油脂的氧化、聚合、分解等劣化反应速度减慢，故油炸食品不易褪色、变色、褐变，可以保持原料本身颜色。

由于温度低，可以减少和防止食品物料中维生素等热敏性成分的破坏和损失，有利于保持食品的营养成分，避免食品的焦化，从而提高产品质量。

真空油炸技术　果蔬脆片特性　培　训　室

图 5-8　核心工艺特点理论培训之系统温度

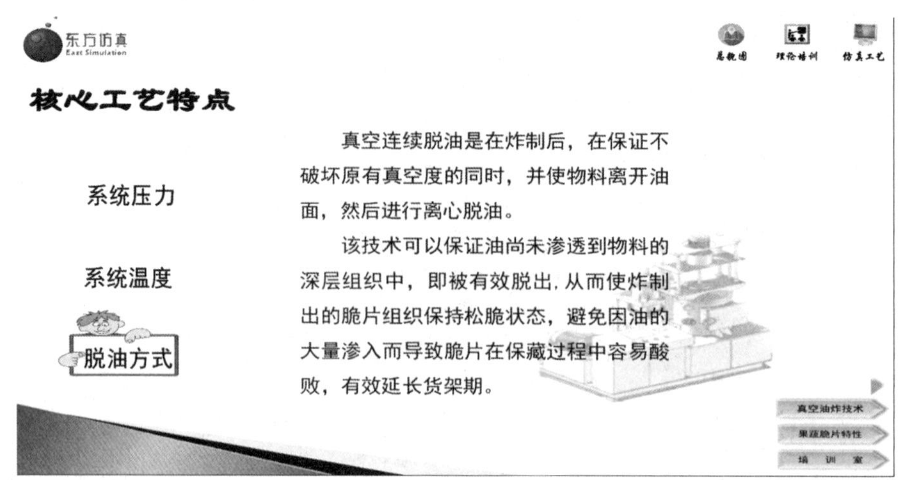

图 5-9　核心工艺特点理论培训之脱油方式

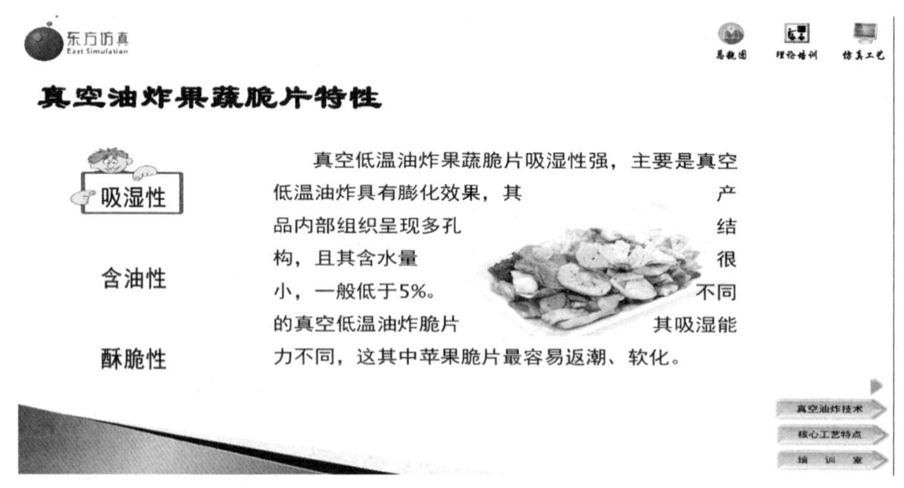

图 5-10　真空油炸果蔬脆片特性理论培训之吸湿性

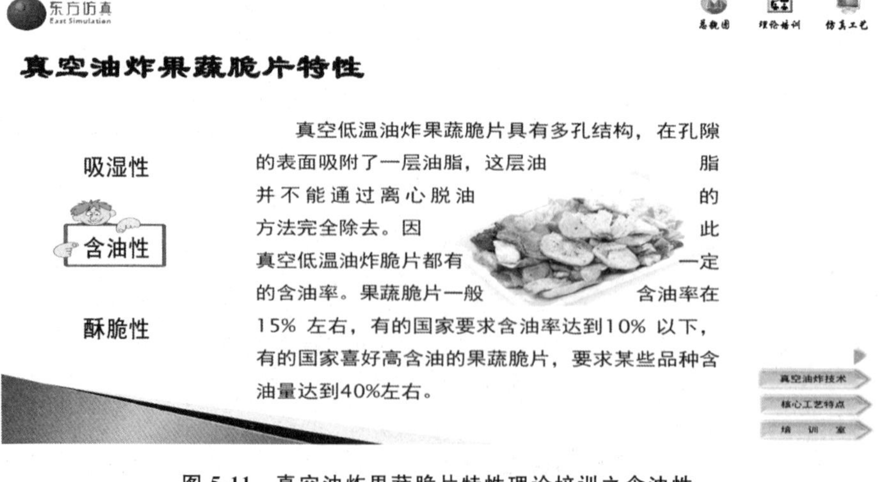

图 5-11　真空油炸果蔬脆片特性理论培训之含油性

真空油炸果蔬脆片特性

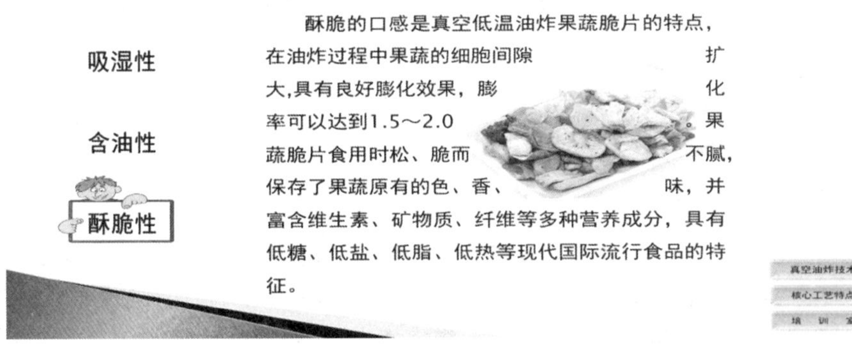

图 5-12　真空油炸果蔬脆片特性理论培训之酥脆性

实验六 干酪工业化生产车间3D虚拟仿真

一、3D虚拟仿真简介

虚拟仿真技术是近年来出现的高新技术，也称灵境技术或人工环境。虚拟仿真是利用电脑模拟产生一个三维空间的虚拟世界，提供使用者关于视觉、听觉等感官的模拟，让使用者如同身临其境一般，可以及时、没有限制地观察三维空间内的事物。虚拟仿真技术的应用正对操作人员培训进行着一场前所未有的革命。虚拟仿真技术的引入，将使企业、学校进行员工、学生培训的手段和思想发生质的飞跃，更加符合社会发展的需要。虚拟仿真应用于培训领域是教育技术发展的一个飞跃。它营造了“自主学习”的环境，代替传统的“以教促学”的学习方式，令学习者通过自身与信息环境的相互作用来得到知识、技能。

虚拟仿真已经被世界上越来越多的大型企业学校广泛地应用到职业教学培训当中，对企业及学校提高培训效率，提高员工及学生分析、处理能力，减少决策失误，降低企业及学校风险起到了重要作用。利用虚拟仿真技术建立起来的虚拟实训基地，其“设备”与“部件”多是虚拟的，可以根据需要随时生成新的设备，培训内容也可以不断更新，使实践训练及时跟上技术的发展。同时，虚拟仿真的交互性，使学员能够在虚拟的学习环境中扮演一个角色，全身心地投入到学习环境中去，这非常有利于学员的技能训练。由于虚拟的训练系统无任何危险，学员可以反复练习，直至掌握操作技能为止。

二、基础知识

(一)干酪背景知识

1. 干酪的概念

干酪(cheese)，也翻译为奶酪、芝士，是指在乳(牛乳、羊乳及其脱脂乳、稀奶油等)中加入适量的发酵剂和凝乳酶，使乳蛋白(主要是酪蛋白)凝固后排除乳清，并将凝块压成所需形状而制成的产品。

干酪制成后不经发酵成熟的产品称为新鲜干酪，它是一种生产后短时间内就要使用掉的干酪。成熟干酪是一种不准备在加工后短期内使用，并在一定温度和湿度条件下可以保存一段时间的干酪，保存期间干酪中微生物和酶发挥作用，干酪发生生化、物理变化，形成干酪特有的风味和质地。国际上将以上两种干酪统称为天然干酪。传统意义所说的干酪通常指的是天然干酪。天然干酪是再制干酪和干酪食品制作的原料。

再制干酪，也叫融化干酪，是用一种或一种以上的天然干酪，添加食品卫生标准所允许的添加剂(或不加添加剂)，经粉碎、混合、加热融化、乳化后而制成的产品，乳固体含量在40%以上。此外，还有下列两条规定：允许添加稀奶油、奶油或乳脂肪以调整脂肪含量；在添加香料、调味料及其他食品时必须控制在乳固体总量的1/6以内，但不得添加脱脂乳粉、全脂乳粉、乳糖、干酪素以及非乳源的脂肪、蛋白质及碳水化合物。

干酪食品是用一种或一种以上的天然干酪或融化干酪，添加食品卫生标准所规定的添加物（或不加添加剂），经粉碎、混合、加热融化而成的产品，产品中干酪的质量需占干酪总质量的50%以上。此外，还规定：添加香料、调味料或其他食品，需控制在产品干物质总量的1/6以内；可以添加非乳源的脂肪、蛋白质或碳水化合物，但不得超过产品总质量的10%。

与天然干酪相比，再制干酪和干酪食品风味更易被初尝者接受。我国市场上再制干酪和干酪食品所占比重较大。上市的食品都有产品标签，再制干酪和天然干酪属于不同产品，标签上都会表明产品种类。

2. 干酪的分类

干酪制作历史悠久，不同的产地、制造方法、组成成分、形状外观产生了不同的名称和品种。因此在乳制品中干酪种类最多。据美国农业部统计，世界上已命名的干酪种类达800余种，其中400余种比较著名。

干酪依据原产地、制造方法、外观、理化性质和微生物学特性等进行命名和分类。国际上比较通行的干酪分类方法是以质地、脂肪含量和成熟情况三个方面对干酪进行描述和分类：按水分在干酪非脂成分中的比例，可分为特硬质、硬质、半硬质、半软质和软质干酪；按脂肪在干酪中的比例又可分为全脂、中脂、低脂和脱脂干酪；按发酵成熟情况可分为细菌成熟的、霉菌成熟的和新鲜的干酪。

表6-1　干酪分类表

种类		与成熟有关的微生物	水分含量	主要品种
软质干酪	新鲜	不成熟	40%～60%	农家干酪 稀奶油干酪 里科塔干酪
	成熟	细菌		比利时干酪 手工干酪
		霉菌		法国浓味干酪 布里干酪
半硬质干酪		细菌	36%～40%	砖状干酪 修道院干酪
		霉菌		法国羊奶干酪 青纹干酪
硬质干酪	实心	细菌	25%～36%	荷兰干酪 荷兰圆形干酪
	有气孔	细菌（丙酸菌）		埃门塔尔干酪 瑞士干酪
特硬干酪		细菌	<25%	帕尔尔逊干酪 罗马诺干酪
融化干酪			40%以下	融化干酪

3. 干酪的营养价值

干酪的营养成分丰富，含有丰富的蛋白质、脂肪等有机成分和钙、磷等无机盐类，以及多种维生素及微量元素。几种主要干酪的化学组成见表6-2。

表 6-2　几种干酪的化学组成表(每 100g 中的含量)

干酪名称	类　型	水分(%)	热量(cal)	蛋白质(g)	脂肪(g)	钙(mg)	磷(mg)	维生素			
								A(IU)	B_1(mg)	B_2(mg)	烟酸(mg)
契达干酪	硬　质(细菌成熟)	37.0	398	25.0	32.0	750	478	1310	0.03	0.46	0.1
法国羊乳干酪	半　硬(霉菌发酵)	40.0	368	21.5	30.5	315	184	1240	0.03	0.61	0.2
法国浓味干酪	软　质(霉菌成熟)	52.2	299	17.5	24.7	105	339	1010	0.04	0.75	0.8
农家干酪	软　质(新鲜不成熟)	79.0	86	17.0	0.3	90	175	10	0.03	0.28	0.1

传统的天然硬质干酪制作中,大约 4—5 kg 奶才能制得 0.5 kg 奶酪,所以干酪浓缩了原料乳中的精华,具有很高的营养价值。干酪中的脂肪和蛋白质含量较原料乳中提高了将近 10 倍。干酪所含的钙、磷等无机成分,不仅能满足人体的营养需要,还具有重要的生理功能。干酪中的维生素类主要是维生素 A,其次是胡萝卜素、B 族维生素和烟酸等。

在干酪的发酵成熟过程中,乳蛋白质在凝乳酶和乳酸菌发酵剂产生的蛋白酶的作用下分解,形成胨、肽、氨基酸等小分子物质,易被人体消化吸收,干酪蛋白质的消化率高达 96%～98%。

干酪中所含的乳酸菌,对人体健康大有裨益。大量研究结果表明,食用经乳酸菌发酵后的乳制品,不仅可以缓解乳糖不耐症,还可以改善和平衡肠道菌群,抑制腐败菌的生长,降低胆固醇和血氨,还具有护肝、抗衰老、抗肿瘤作用。正由于此,干酪成了一种兼营养与保健为一体的功能性食品。

(二)干酪凝乳原理

1. 干酪发酵剂

(1)干酪发酵剂的种类

干酪是固态食品,酪蛋白凝聚是干酪生产中的基本工序。干酪在凝乳过程中主要用到发酵剂和凝乳酶。

在制作干酪的过程中,用来使干酪发酵与成熟的特定微生物培养物,称为干酪发酵剂。

干酪的种类繁多,各种干酪由于特异的发酵成熟过程产生不同的风味,主要是由于使用了不同的菌种。干酪发酵剂可分为细菌发酵剂和霉菌发酵剂两大类。

细菌发酵剂主要以乳酸菌为主,应用的主要目的在于产酸和产生相应的风味物质。使用的主要细菌有乳酸链球菌、乳油链球菌、干酪乳杆菌、丁二酮乳链球菌、嗜酸乳杆菌、保加利亚乳杆菌以及嗜柠檬酸明串珠菌等。有时为了使干酪形成特有的组织状态,还要使用丙酸菌。

霉菌发酵剂主要是对脂肪分解能力强的卡门培尔干酪霉菌、干酪青霉、娄地青霉等。某些酵母,如解脂假丝酵母等也在一些品种的干酪中得到应用。

表6-3　干酪发酵剂微生物及其使用制品表

发酵剂种类	发酵剂微生物		使用制品
	菌种名	一般名	
细菌发酵剂	乳酸球菌	嗜热乳链球菌 乳酸链球菌 乳油链球菌 粪链球菌	各种干酪,产酸及风味 各种干酪,产酸 各种干酪,产酸 契达干酪
	乳酸杆菌	乳酸杆菌 干酪乳杆菌 嗜热乳杆菌 胚芽乳杆菌	瑞士干酪 各种干酪,产酸 干酪,产酸、风味 契达干酪
	丙酸菌	薛氏丙酸菌	瑞士干酪
霉菌发酵剂	短密青霉菌	短密青霉菌	砖状干酪 林堡干酪
	曲酶	米曲霉 娄地青霉 卡门培尔干酪霉菌	法国绵羊乳干酪 法国卡门培尔干酪
	酵母 酵母类	解脂假丝酵母	青纹干酪

(2)干酪发酵剂的作用

干酪发酵剂依据其菌种的组成、特性及干酪的生产工艺条件,主要有以下几种作用。

①发酵乳糖产生乳酸,促进凝乳酶的凝乳作用。在原料乳中添加一定量的发酵剂,产生乳酸,可以使乳中可溶性钙的浓度升高,为凝乳酶创造一个良好的酸性环境,而促进凝乳酶的凝乳作用。

②降解蛋白质。发酵剂中的某些微生物可以产生相应的分解酶分解蛋白质、脂肪等物质,提高制品的营养价值,并且还可形成制品特有的芳香风味。

③在加工和成熟过程中产生一定浓度的乳酸,有的菌种还可以产生相应的抗生素,可以较好地抑制污染杂菌的繁殖,保证成品的品质。

④在干酪的加工过程中,乳酸可促进凝块的收缩,使其产生良好的弹性,利于乳清的渗出,赋与制品良好的组织状态。

⑤由于丙酸菌的丙酸发酵,使乳酸菌所产生的乳酸还原,产生丙酸和二氧化碳气体,使某些硬质干酪产生特殊的孔眼特征。

综上所述,在干酪的生产中使用发酵剂可以促进凝块的形成;使凝块收缩和容易排出乳清;防止在制造过程和成熟期间杂菌的污染和繁殖;改进产品的组织状态;在成熟过程中给酶的作用创造适宜的pH条件。

(3)干酪发酵剂的准备

目前,生产厂多使用专门机构生产的冻干粉末状单菌种或混合菌种发酵剂。

①乳酸菌发酵剂的制备。一般乳酸菌发酵剂的制备依次经过以下三个阶段,即乳酸菌纯培养物的复活、母发酵剂的制备和生产发酵剂的制备。

②霉菌发酵剂的制备。将除去表皮的面包切成小立方体,放入三角瓶中,加入适量的水及少量的乳酸后进行高温灭菌,冷却后在无菌条件下将悬浮着霉菌菌丝或孢子的菌种喷洒在灭

菌的面包上，然后置于 21～25 ℃的培养箱中培养 8～12 d，使霉菌孢子布满面包表面，将培养物取出，于 30 ℃条件下干燥 10 d，或在室温下进行真空干燥。最后，将所得物破碎成粉末，放入容器中备用。

干酪发酵剂一般采用冷冻干燥技术生产和真空复合金属膜包装。

③发酵剂的检查。将发酵剂制备好后，要进行风味、组织、酸度和微生物学鉴定检查。风味应具有干净的乳酸味，不得有异味，酸度以 0.75%～0.85%为宜。活力试验时，将 10 g 脱脂乳粉用 90 mL 蒸馏水溶解，经 120 ℃，10 min 加压灭菌，冷却后注入 10 mL 试管中，加 0.3 mL 发酵剂，盖紧，于 38 ℃条件下培养 210 min。然后，将培养液洗脱于烧杯中，测定酸度，如酸度上升到 0.4%，即视为活性良好。另外，将上述灭菌脱脂乳液 9 mL 分注于试管中，加 1 mL 发酵剂及 0.1 mL 0.005%的刃天青溶液后，于 37℃培养 30 min，每 5 min 观察刃天青褪色情况，全褪为淡桃红色为止。褪色时间在培养开始后 35 min 以内为活性良好，50～60 min 褪色者为活力正常。

2. 干酪凝乳酶

很早以前，人们就认识到利用小牛或小羊等反刍动物的第四胃（皱胃）分泌一种具有凝乳功能的酶类，可以使小牛胃中的乳汁迅速凝结，从而减缓其流入小肠的速度。这种皱胃的提取物便称为粗制凝乳酶或皱胃酶，可以用来进行干酪加工。

皱胃酶的制备方法主要是以干燥或冷冻的小牛皱胃为原料，由专业的酶制剂公司进行提取。制作干酪时需要根据自己的需要订购。

20 世纪，随着干酪加工业在世界范围内的兴起，先前以宰杀小牛而获得皱胃酶的方式已经不能满足工业生产的需要，而且成本较高。为此，人们开发了多种皱胃酶的替代品，如发酵生产的凝乳酶、从成年牛胃中获取的皱胃酶，或采用多种微生物来源的凝乳剂等。

代用凝乳酶按来源可分为动物性凝乳酶、植物性凝乳酶、微生物凝乳酶及遗传工程凝乳酶等。

（1）动物性凝乳酶

动物性凝乳酶主要是胃蛋白酶。这种酶已经作为皱胃酶的代用酶而应用到了干酪的生产中，其性质在很多方面与皱胃酶相似。然而，由于胃蛋白酶的蛋白分解能力强，用其制作的干酪产品常略带苦味，如果单独使用会使产品存在口感方面的缺陷。主要的动物性凝乳酶制剂有以下几种。

①猪胃蛋白酶。由猪胃的浸提物制成，是应用最早的皱胃酶替代物之一，可以单独使用或与小牛皱胃酶按 1∶1 的比例混合使用。猪胃蛋白酶最大的缺陷是对 pH 的依赖性较强，而且容易失活。例如，在正常的干酪加工条件（pH 约 6.5，温度接近 30 ℃）下，猪胃蛋白酶已经开始发生变性而逐渐失去活力，在此条件下保持 1 h 之后其凝乳活性仅为原来的 50%。目前，猪胃蛋白酶已较少使用。

②鸡胃蛋白酶。由于宗教的原因，鸡胃蛋白酶也被当作皱胃酶的替代物而在某些特殊地域和范围内使用。由于其蛋白分解能力过高，不适合于绝大多数干酪品种的加工。

（2）植物性凝乳酶

①无花果蛋白酶。无花果蛋白酶存在于无花果的汁液中，可结晶分离。用无花果蛋白酶制作契达干酪时，凝乳速度快且成熟效果较好。但由于它的蛋白分解能力较强，脂肪损失多，所以获得的干酪成品收得率低，略带轻微的苦味。

②木瓜蛋白酶。木瓜蛋白酶是从木瓜中提取获得的，其凝乳能力比对蛋白的分解能力强，

制成的干酪带有一定的苦味。

③菠萝蛋白酶。菠萝蛋白酶是从菠萝的果实或叶中提取，具有凝乳作用。

(3)微生物来源的凝乳酶

微生物凝乳酶可以划分为霉菌、细菌、担子菌 3 种来源。生产中应用最多的是来源于霉菌的凝乳酶，其代表是从微小毛霉菌中分离出的凝乳酶，凝乳的最适温度为 56 ℃，蛋白分解能力比皱胃酶强，但比其他的蛋白分解酶蛋白分解能力弱，对牛乳凝固能力强。目前，日本、美国等国将其制成粉末凝乳酶制剂而应用到干酪的生产中。另外，还有其他一些霉菌性凝乳酶在美国等国被广泛开发和利用。

微生物来源的凝乳酶生产干酪时的缺陷是在凝乳作用强的同时，蛋白分解力比皱胃酶高，干酪的收得率较皱胃酶生产的干酪低，成熟后产生苦味。另外，微生物凝乳酶的耐热性高，给乳清的利用带来不便。

(4)利用遗传工程技术生产皱胃酶

皱胃酶的各种代用酶在干酪的实际生产中表现出某些的缺陷，迫使人们利用新的技术和途径来寻求牛犊以外的皱胃酶来源。美国和日本等国利用遗传工程技术，将牛犊控制皱胃酶合成的 DNA 分离出来，导入微生物细胞内，利用微生物来合成皱胃酶获得成功，并得到美国食品医药局(FDA)认定和批准。美国生产的生物合成皱胃酶制剂在瑞士、英国、澳大利亚等国广泛推广应用。

三、工艺概述

(一)工艺流程

干酪由水、脂肪和蛋白质所组成，是牛奶成分浓缩后的精华，具有极高的营养价值，10 kg 牛奶才可制成 1 kg 干酪，因此它有“奶黄金”之称。制作干酪的主要工艺是凝乳，排出乳清，最后成熟。具体工艺流程有：原料乳预处理→巴氏杀菌和冷却→加发酵剂→发酵→加氯化钙→凝乳→切割→搅拌、加热、保温→第 1 次排乳清→静置→第 2 次排乳清→堆叠→粉碎、加盐→装模→压榨→成型→出库。

1. 原料乳预处理

原料乳的预处理包括计量、净乳、冷却和贮存等工序。

采用隔天收奶的方式之后，不得不使用这种牛乳的干酪生产商注意到，干酪的质量时有波动。当使用收奶后又不得不继续贮存的牛乳时，这种趋势尤其明显，即使是牛乳从收奶车到贮罐的整个运输和贮存过程都在 4℃ 条件下，干酪质量也会波动，而当每周工作时间被限定为 6 天甚或 5 天时，贮存时间可能会更长。

在冷贮过程中，乳中的蛋白质和盐类特性发生变化，从而对干酪生产特性产生破坏。有资料证实在 5 ℃经 24 h 贮存后，会有约 25％的钙以磷酸盐的形式沉淀下来。当乳经巴氏杀菌时，钙重新溶解，而乳的凝固特性也基本全部回复。在贮存中，β-酪蛋白也会离开酪蛋白胶束，从而进一步对干酪生产性能下降起作用。然而，这一下降经巴氏杀菌后也差不多能完全恢复。另一个同等重要的现象是由于再次污染，微生物菌丛进入牛乳中，尤其是假单胞菌属，其所生成的酶——蛋白质水解酶和脂肪酶在低温下能分别使蛋白质和脂肪降解。这一反应的结果是，在低温贮存时，脱离酪蛋白胶束的 β-酪蛋白被降解释放出“苦”味。

由假单胞菌产出的蛋白酶和解脂酶也可能联合穿透脂肪球膜。这一联合现象导致脂肪酸被分解出来，尤其是短链的脂肪酸，而解脂酶的作用使乳具有一种酸败味。

因此，如果牛乳已经过了 24～48 h 的贮存，且到达乳品厂后 12 h 内仍不能进行加工处理时，最好把乳冷却至 4℃左右或用更好的办法——预杀菌。

2. 巴氏杀菌和冷却

将原料乳加热至温度 72～75 ℃，保持 15 s。加热和冷却都在板式热交换器中完成。杀菌的主要目的是杀死有害菌和致病菌，同时也钝化了乳中的酶类，并使部分蛋白质变性，改善了牛乳的凝乳性，但杀菌的温度变化不能太强烈，否则会影响凝乳和干酪最终的水分含量。

3. 加发酵剂，发酵，加氯化钙

按物料质量的 2.0%添加发酵剂，充分搅拌 5～15 min 后，加入物料质量 0.02%的氯化钙溶液，即在加入前，先将氯化钙在其质量 3 倍的蒸馏水中溶解，加热至 90 ℃并自然冷却。

添加发酵剂使乳糖发酵产生乳酸，牛乳发酵产酸可提高凝乳酶的凝乳性和促进乳清排出。添加氯化钙是为了提高牛乳蛋白质的凝结性，减少凝乳酶的用量，缩短凝乳时间，并利于乳清排出。

4. 凝乳

牛乳凝结是干酪生产的基本工艺，它通常是通过添加凝乳酶来完成的。发酵 20～40 min 后，加入物料质量 0.003%的凝乳酶溶液，搅拌 5 min 后停止，20 min 后开始观察。凝乳酶在添加前，先将质量分数为 2%的食盐蒸馏水溶液煮沸并冷却至温度 30～40 ℃(食盐水用量为凝乳酶的 30 倍)，将称好的凝乳酶加入其中充分溶解(此操作过程注意对器具的消毒)。

凝乳分两个阶段，即酪蛋白被凝乳酶转化为副酪蛋白，以及副酪蛋白在钙盐存在的情况下凝固。或者说，在凝乳酶的作用下，酶蛋白胶态分子团变化，形成副酪蛋白，副酪蛋白吸收钙离子，钙离子又使副酪蛋白和乳清形成网状物。钙离子是形成凝结物时不可缺少的因子，这就是添加氯化钙可以改善牛乳凝结能力的原因。

5. 切割

(1)凝乳终点的判定

加入凝乳酶 20 min 后，开始观察判定凝乳终点，并用刀切割凝块，当其断面光滑、平整，有清晰乳清析出时，即为凝乳终点。凝乳时间一般控制在 25～30 min。

(2)切割

当凝块达到所要求的硬度时，要对凝块进行切割，目的在于切割大凝块为小颗粒，从而缩短乳清从凝块中流出的时间，并增加凝块的表面积，改善凝块的收缩脱水特性。正确的切割对成品干酪的品质和产量都有重要意义。

将搅拌器换成切割刀，将凝块切割成 0.5～1.0 cm 见方的小块。

6. 搅拌、加热和保温

在搅拌凝乳粒的同时还要升温，其目的是促进凝乳粒收缩脱水，排出乳清，使凝乳变硬，形成稳定的质构。

切割后的凝乳颗粒体积为 0.5～1.0 cm^3，搅拌 5 min 后开始加热。搅拌加热时间模式为：加温速度控制为每 3～5 min 升温 1 ℃，同时温度每上升 1 ℃速度调快 1 挡，直至 25～35 min 内升温至 38～39℃时停止加热。加热必须缓慢，以免凝乳颗粒表面收缩，妨碍脱水作用，造成干酪含水量过高；加热必须伴有强力的搅拌，以防止凝块颗粒沉淀到底部。

搅拌速度不变，保温 30～50 min。

7. 第 1 次排乳清

将凝乳粒和乳清用正位移泵泵至完成槽，并排出一部分乳清，搅拌 3～5 min。所谓完成槽，即干酪槽。

8. 静置

停止搅拌，取下搅拌器，静置沉降 30 min，使凝乳粒沉淀到完成槽的底部。

9. 第 2 次排乳清

静置 30 min 后，将剩余乳清排出。在排出乳清的过程中将凝乳向槽两边堆积，以便进一步排出乳清。

10. 堆叠

保持夹层水的温度为 38～40 ℃，观察到凝乳粒充分黏合后，将凝乳块切成约 20 cm 宽的小块，然后每隔 10 min 翻转、堆积 1 次，每翻转 1 次向上堆 1 层，共 6～8 次，当乳清滴定酸度为 38～45 °T，pH 值为 5.5 时翻转结束。

把凝乳块切成小块，并不断翻转，在 10～15 min 之后，把它们一块块堆叠起来这个步骤是切达干酪所特有的重复地翻转堆叠会使切达干酪具有特有的纹理特征。这样能通过个体凝乳粒的相互挤压，排出部分乳清，同时促进乳酸菌进一步生长产酸。

11. 粉碎、加盐

凝块被切磨成胡桃木大小的条状，再在这些凝块条表面撒上 2%的干盐，搅拌 20 min 使盐均匀分布于奶酪中，停止搅拌。

腌渍的目的是抑制部分微生物的繁殖，同时使干酪具有良好的风味。

(1)将食盐撒在干酪粒中，并在干酪槽中混合均匀。

(2)将食盐涂布在压榨成型后的干酪表面。

(3)将压榨成型后的干酪置于盐水池中腌渍。

12. 装模、压榨

将充分搅匀后的凝块装入清洗消毒后的干酪模中，放到压榨机上压榨，预压榨压力 294～490 kPa，压榨时间为 1～2 h；后压榨压力为 588～784 kPa，压榨时间为 10～12 h。

13. 成型、出库

干酪成熟是指在一定温度、湿度和一段时间内，干酪中的蛋白质、脂肪和碳水化合物在微生物和酶的作用下发生降解的过程，它包含了一系列复杂的微生物学和生物化学的变化，这些变化形成了干酪特有的风味和质地。

成熟室温度应为 12～14 ℃，在此条件下 3～15 个月成熟。

(二)所需设备

干酪生产所需设备如表 6-4 所示。

表 6-4　干酪生产所需设备列表

序号	设备名称	设备位号	备注
1	乳槽车	————	用于牛乳的长距离运输
2	脱气罐	V1001	用于收取采用乳槽车运送的牛乳，主要目的是有助于流量计的正确计量
3	原乳贮存罐	V1002	主要用于冷却、贮存鲜乳
4	平衡槽	V2001	保证牛乳充满整个巴氏杀菌系统
5	缓冲贮存罐	V2002	主要用于冷却、贮存杀菌后的牛乳
6	干酪槽	V3001	切达干酪生产中的原料乳加热、牛乳发酵、凝乳、凝块切割、排乳清、堆叠等操作都在干酪槽中进行

续表

序号	设备名称	设备位号	备注
7	乳清接受槽	V3002	排放干酪槽的乳清接受槽
8	储水罐	V4001	CIP 系统中的净水贮存罐
9	热水罐	V4002	CIP 系统中的热水贮存罐
10	碱液罐	V4003	CIP 系统中的碱液贮存罐
11	酸液罐	V4004	CIP 系统中的酸液贮存罐
12	真空泵	P1001	给脱气罐抽真空
13	自吸泵	P1002	在乳品厂用于输送鲜乳
14	进料泵	P1003	在乳品厂用于输送鲜乳
15	增压泵	P2001	防止巴氏杀菌产品被非巴氏杀菌产品和冷却介质再污染
16	热水泵	P2002	热水系统循环泵
17	供料泵	P2003	在乳品厂用于输送鲜乳
18	干酪槽供料泵	P2004	在乳品厂用于输送鲜乳
19	净化水泵	P4001	CIP 清洗系统中的净水输送泵
20	CIP 清洗泵	P4002	CIP 清洗系统中的清洗液输送泵
21	过滤器	S1001	过滤牛乳中的固体杂质
22	过滤器	S1002	过滤牛乳中的固体杂质
23	离心净乳机	F2001	牛乳不用被分离成脱脂乳和稀奶油，所以使用一台离心净乳机，再次清除牛乳中的固体颗粒
24	巴氏杀菌	E2001	破坏致病微生物
25	热水加热系统	E2002	给巴氏杀菌供给热量
26	保持管	KP2001	巴氏杀菌的时间为 15 s

(三)主要参数

干酪生产主要工艺参数如表 6-5 所示。

表 6-5　干酪生产主要设备工艺参数表

名称	项目	单位	正常数据
脱气罐 V1001	罐内压力	kPa	50
原乳贮存罐 V1002	罐内保持温度	℃	4
巴氏杀菌 E2001	杀菌温度	℃	72
	保持时间	s	15
	冷却后温度	℃	4
缓冲贮存罐 V2002	罐内保持温度	℃	4
干酪槽 V3001	凝乳温度	℃	32

四、操作规程

(一)原料乳预处理

1. 全开过滤器 S1001 的入口阀门 VA1004。

2. 全开过滤器 S1001 的出口阀门 VA1005。

3. 打开原乳贮存罐 V1002 夹套水的进口阀门 VA1010。

4. 打开真空泵 P1001 出口开关阀 VD1006。

5. 将真空泵 P1001 转到手动位置,按真空泵 P1001 的 RUN 按钮,启动真空泵。

6. 打开真空泵 P1001 入口开关阀 VD1005。

7. 使脱气罐 V1001 的压力达到 50kPa。

8. 打开乳槽车卸乳阀门 VA1001,牛乳进入脱气罐。

9. 脱气罐 V1001 液位达到 30%后,打开自吸泵 P1002 的出口开关阀 VD1002;将牛乳输送至原乳贮存罐 V1002。

10. 将 P1002 转到手动位置,按 P1002 的 RUN 按钮,启动 P1002。

11. 打开自吸泵 P1002 的入口开关阀 VD1001。

12. 当原乳贮存罐液位达到 30%后,启动搅拌器。

13. 调节原乳贮存罐 V1002 夹套水的进口阀门 VA1010,控制 V1002 的温度为 4℃,牛乳最佳保存温度。

14. 乳槽车卸乳完成后,关闭卸乳阀门 VA1001。

15. 当脱气罐 V1001 内的牛乳预处理后至原乳贮存罐 V1002,关闭 P1002 入口开关阀 VD1001。

16. 按 P1002 的 STOP 按钮,停运 P1002。

17. 关闭 P1002 出口开关阀 VD1002。

18. 当脱气罐 V1001 内的牛乳预处理后至原乳贮存罐 V1002,关闭真空泵 P1001 入口开关阀 VD1005。

19. 按 P1001 的 STOP 按钮,停运 P1001 泵。

20. 关闭 P1001 出口开关阀 VD1006。

(二)热水加热系统启动

1. 打开热水加热系统循环水入口阀门 VA2001,将管路充满。

2. 全开热水系统管路上的阀门 VA2002。

3. 管路充满后,打开热水泵 P2002 的出口开关阀 VD2004。

4. 将热水泵 P2002 转到手动位置,按热水泵 P2002 的 RUN 按钮,启动热水泵。

5. 打开热水泵 P2002 的入口开关阀 VD2003。

6. 热水系统管路循环水打循环后,关闭热水系统管路上的阀门 VA2001。

7. 全开加热蒸汽疏水阀门 VA2004。

8. 打开加热蒸汽电磁阀 XV2001。

9. 缓慢打开加热蒸汽流量调节阀 FIC2001,给热水系统加热。

10. 给热水系统升温 TI2006,以便给刚进入系统的牛乳循环系统升温。

11. 控制热水加热系统的温度 TI2006 为 75 ℃。

(三)巴氏杀菌

1. 打开缓冲贮存罐 V2002 的夹套水入口阀门 VA2010。

2. 全开原乳贮存罐出口管线上的手操阀 VA1011。

3. 当热水加热系统温度 TI2006 达到 75 ℃后,打开进料泵 P1003 的出口开关阀 VD1004,牛乳进入平衡槽 V2001。

4. 将进料泵 P1003 转到手动位置,按进料泵 P1003 的 RUN 按钮,启动进料泵。

5. 打开进料泵 P1003 的入口开关阀 VD1003。

6. 启动离心净乳机 F2001 电源开关。

7. 启动离心净乳机 F2001 后,使净乳机转速达到 3000 r/h 后,才能进料;否则会加重净乳机的负荷,影响其使用寿命。

8. 当平衡槽 V2001 液位达到 30%后,打开供料泵 P2003 的出口开关阀 VD2006,牛乳进入离心净乳机 F2001。

9. 将供料泵 P2003 转到手动位置,按进料泵 P2003 的 RUN 按钮,启动供料泵。

10. 打开供料泵 P2003 的入口开关阀 VD2005。

11. 打开转向阀 VD2010,将未经过巴氏杀菌的牛乳送至平衡槽 V2001。

12. 缓慢打开转向阀至平衡槽的手操阀 VA2013。

13. 打开增压泵 P2001 的出口开关阀 VD2002。

14. 将增压泵 P2001 转到手动位置,按增压泵 P2001 的 RUN 按钮,启动增压泵。

15. 打开增压泵 P2001 的入口开关阀 VD2001。

16. 通过调节加热蒸汽流量调节阀 FIC2001,控制巴氏杀菌的温度 TIC2001 为 72 ℃。

17. 逐渐开大转向阀至平衡槽管线的手操阀 VA2013,直至全开,提成巴氏杀菌的牛乳负荷 FI2003。

18. 控制巴氏杀菌的牛乳负荷 FI2003 在 5150 kg/h。

19. 打开冷水开关阀门 VA2011,将杀菌加热过的牛乳进行冷却贮存。

20. 打开冰水流量调节阀 FIC2002,将杀菌加热过的牛乳进行冷却至 4 ℃进行贮存。

21. 通过调节冰水流量调节阀 FIC2002,牛乳冷却后的温度 TIC2002 控制在 4 ℃。

22. 当杀菌温度 TIC2001 达到 72 ℃后,全开巴氏杀菌至缓冲贮存罐的手操阀门 VA2012.

23. 当杀菌温度 TIC2001 达到 72 ℃后,打开转向阀 VD2009,将经过巴氏杀菌后的牛乳送至缓冲贮存罐 V2002。

24. 同时迅速关闭转向阀至平衡槽的开关阀 VD2010。

25. 当缓冲贮存罐 V2002 液位达到 30%后,启动搅拌器。

26. 调节缓冲贮存罐 V2002 夹套水的进口阀门 VA2010,V2002 的温度控制在 4 ℃,牛乳最佳保存温度。

27. 当原乳贮存罐 V1002 内的牛乳巴氏杀菌后至缓冲贮存罐 V2002,关闭 P1003 入口开关阀 VD1003。

28. 按 P1003 的 STOP 按钮,停运 P1003 泵。

29. 关闭 P1003 出口开关阀 VD1004。

30. 按 V1002 搅拌器开关,关闭搅拌器。

31. 关闭 V1002 夹套水上水阀门 VA1010。

32. 当平衡槽 V2001 液位低于 10%后,按离心净乳机电源开关,停止净乳机,防止净乳机空转。

33. 关闭转向阀至缓冲贮存罐阀门VD2009。

34. 当原乳贮存罐V1002内的牛乳经巴氏杀菌后至缓冲贮存罐V2002，关闭增压泵P2001入口开关阀VD2001。

35. 按P2001的STOP按钮，停运P2001泵。

36. 关闭P2001出口开关阀VD2002。

37. 当平衡槽V2001液位低于10%后，关闭供料P2003入口开关阀VD2005。

38. 按P2003的STOP按钮，停运P2003泵。

39. 关闭P2003出口开关阀VD2006。

40. 离心净乳机F2001转速未达到3000 r/h就进料，则要扣分。

(四)干酪制作

1. 打开缓冲贮存罐V2002后的干酪槽供料泵P2004的出口开关阀VD2008；将牛乳送至干酪槽。

2. 将干酪槽供料泵P2004转到手动位置，按P2004的RUN按钮，启动泵。

3. 打开缓冲贮存罐V2002后的干酪槽供料泵P2004的入口开关阀VD2007。

4. 将经杀菌后的原料乳打入干酪槽中，使干酪槽内的牛乳液位达到90%。

5. 启动搅拌器电源开关。

6. 打开加热蒸汽温度调节阀TIC3001的前截止阀VD3001，给牛乳加热。

7. 打开加热蒸汽温度调节阀TIC3001的后截止阀VD3002。

8. 缓慢打开加热蒸汽温度调节阀TIC3001。

9. 用蒸汽将干酪槽牛乳温度TIC3001加热到30 ℃。

10. 干酪槽温度达到30 ℃后，将加热蒸汽温度调节阀TIC3001设为自动状态。

11. 将加热蒸汽温度调节器TIC3001设置为30 ℃，温度自动控制。

12. 调整加热蒸汽温度调节阀，控制干酪槽温度维持在30 ℃。

13. 当干酪槽温度达到30 ℃后，添加牛乳总量的2.0%的发酵剂。

14. 点击添加发酵剂的“添加”按钮，添加发酵剂；充分搅拌10 min，系统模拟为10 s。

注意：添加发酵剂使乳糖发酵产生乳酸，牛乳发酵产酸可提高凝乳酶的凝乳性和促进乳清排出。

15. 加入相当于牛乳总量的0.02%氯化钙溶液。在加入前，要先将氯化钙在约等于其质量3倍的蒸馏水中溶解，加热至90 ℃并自然冷却。

16. 点击添加氯化钙的“添加”按钮，添加氯化钙；充分搅拌30 min，系统模拟为30 s。

注意：添加氯化钙是为了提高牛乳蛋白质的凝结性，减少凝乳酶的用量，缩短凝乳时间，并利于乳清排出。

17. 加入相当于牛乳总量的0.003%的凝乳酶溶液，搅拌5 min后停止，20 min后开始观察。

注意：凝乳酶在添加前，先将质量分数为2%的食盐蒸馏水溶液煮沸并冷却至30～40 ℃(食盐水用量为凝乳酶的30倍)，将称好的凝乳酶加入其中充分溶解。

18. 点击添加凝乳酶的“添加”按钮，添加凝乳酶；充分搅拌5 min，系统模拟为5 s。

19. 关闭搅拌器电源开关，停止搅拌；20 min后开始观察。

20. 当凝块达到所要求的硬度时，要对凝块进行切割，目的在于切割大凝块为小颗粒，从而缩短乳清从凝块中流出的时间；将搅拌器换成切割刀。

21. 将凝块切割成 0.5～1.0 cm 见方的小块。

22. 切割后的凝乳颗粒体积为 0.5～1.0 cm^3，搅拌 5 min 后开始加热。加温速度控制为每 3～5 min 升温 1 ℃，同时温度每上升 1 ℃速度调快 1 挡，直至 25～35 min 内升温至 40 ℃时停止加热。

23. 搅拌速度不变，保温 30～50 min 后，第一次排乳清。

24. 停止搅拌，取下搅拌器，静置沉降 30 min，使凝乳粒沉淀到完成槽的底部。

25. 在排出乳清的过程中，将凝乳用预压板向槽中间堆积，更换预压板以便于进一步排出乳清。

26. 堆叠操作：保持夹层水的温度为 38～40 ℃，将凝乳块切成约 20 cm 宽的小块，然后每隔 10 min 翻转、堆积 1 次，每翻转 1 次向上堆 1 层，共 6～8 次。

注意：重复地翻转堆叠会使干酪具有特有的纹理特征。这样能通过个体凝乳粒的相互挤压，排出部分乳清，同时促进乳酸菌进一步生长产酸。

五、仿真 DCS 界面

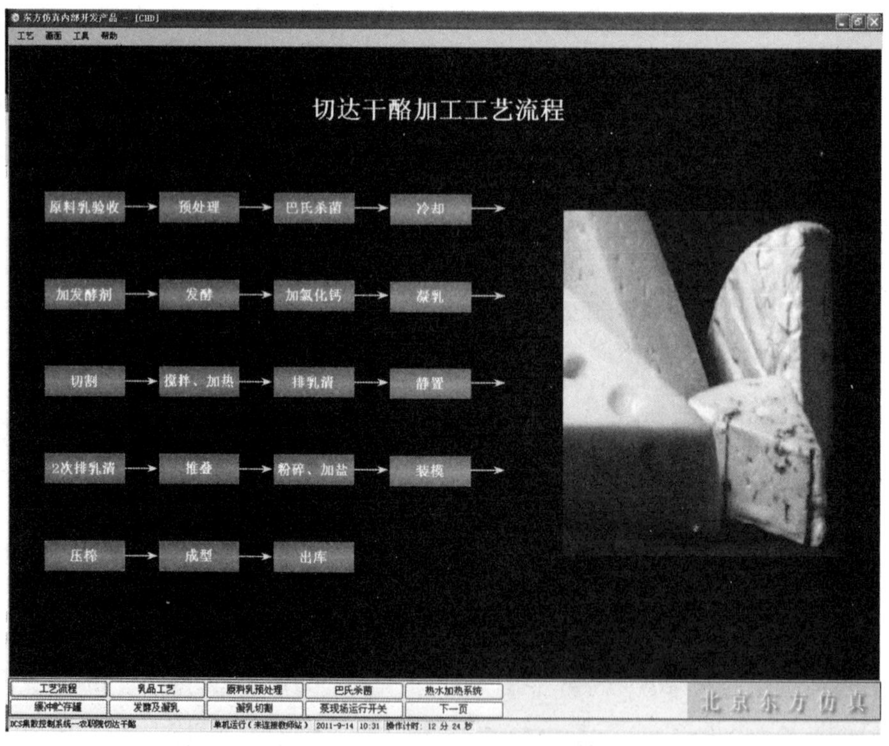

图 6-1　切达干酪加工工艺流程

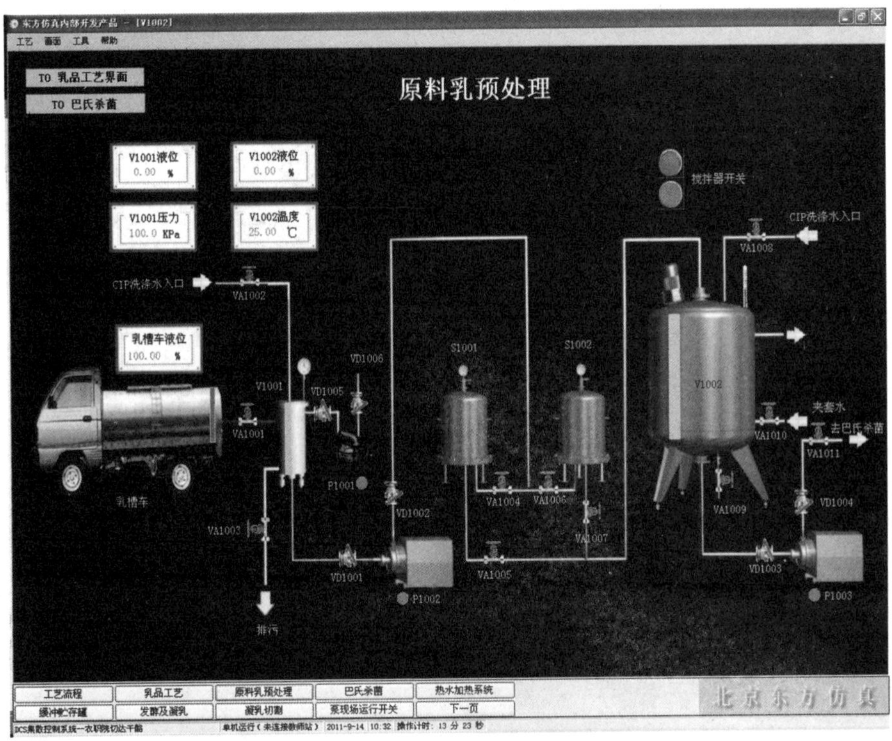

图 6-2　原料乳预处理

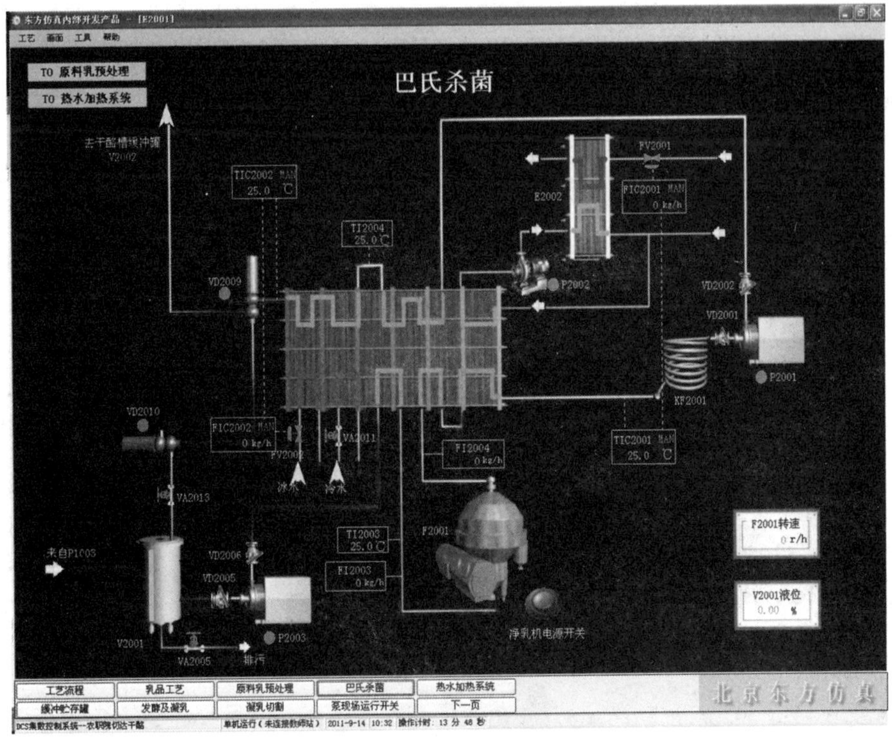

图 6-3　巴氏杀菌

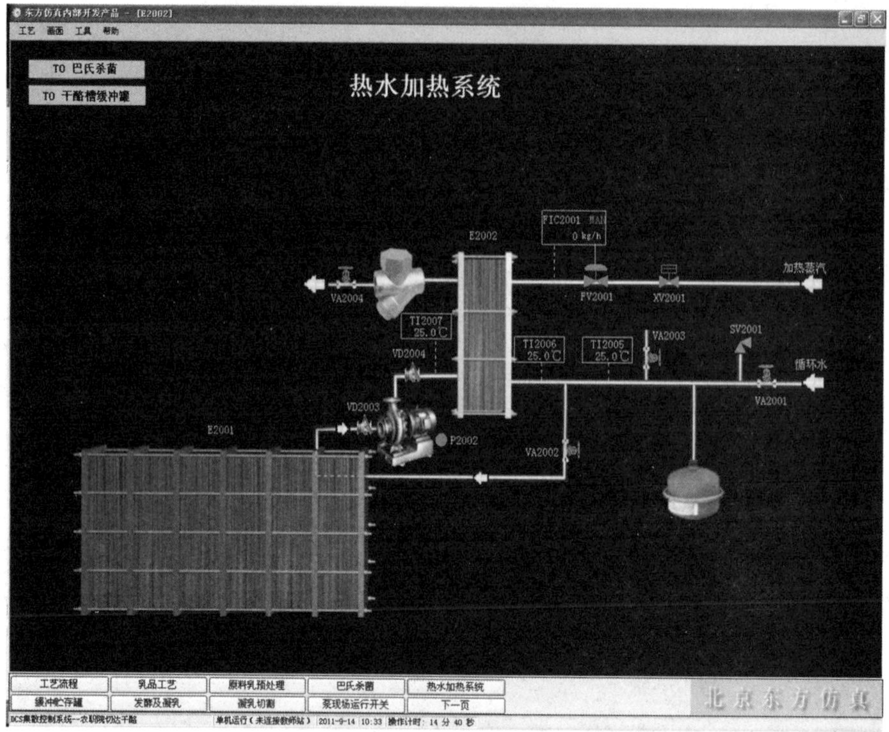

图 6-4 热水加热系统

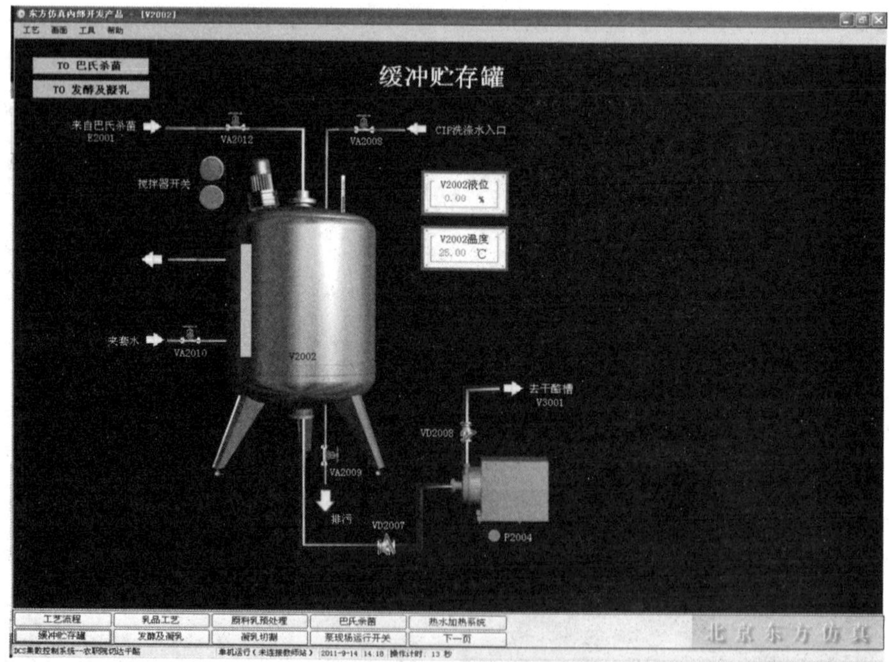

图 6-5 缓冲贮存罐

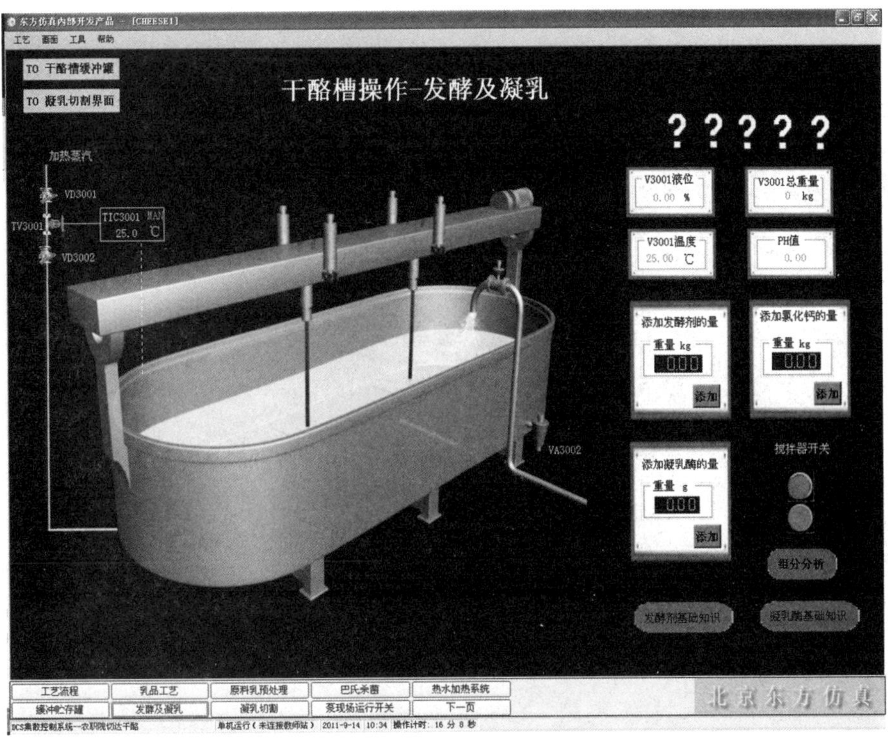

图 6-6　发酵及凝乳

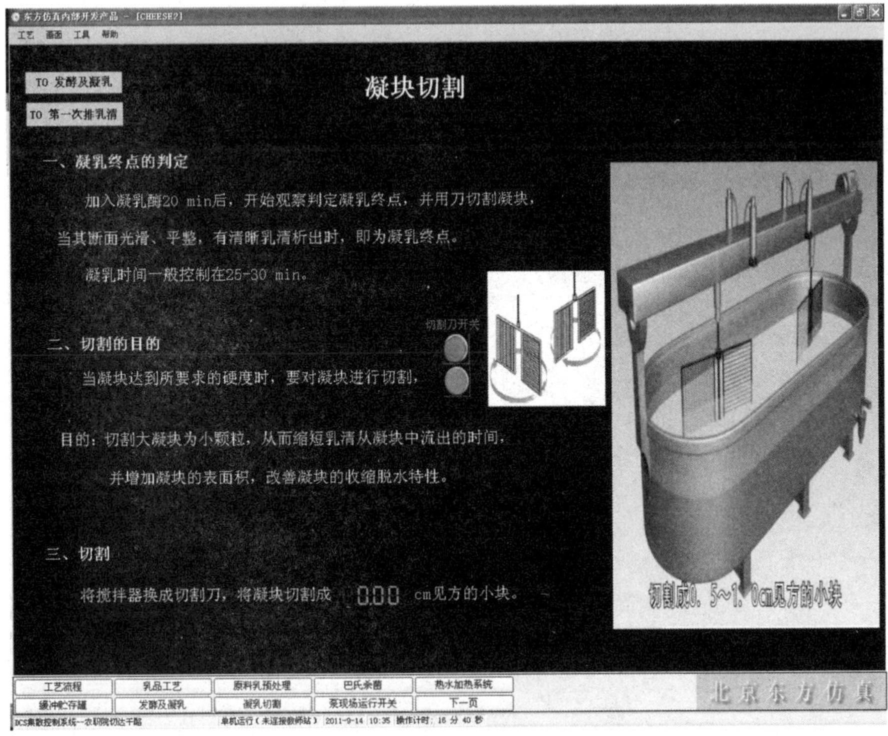

图 6-7　凝乳切割

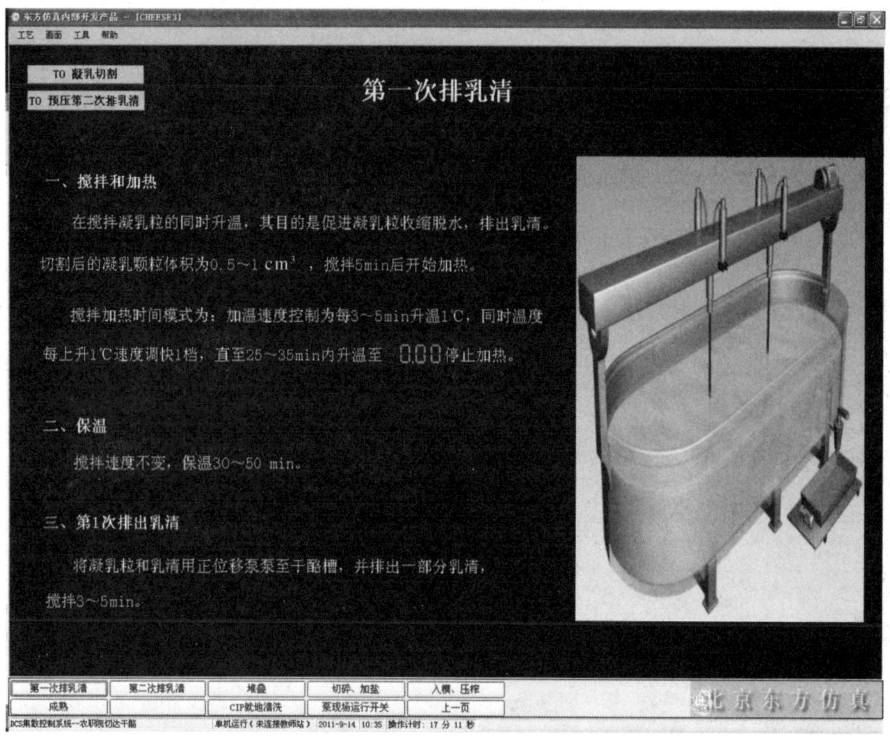

图 6-8　第一次排乳清

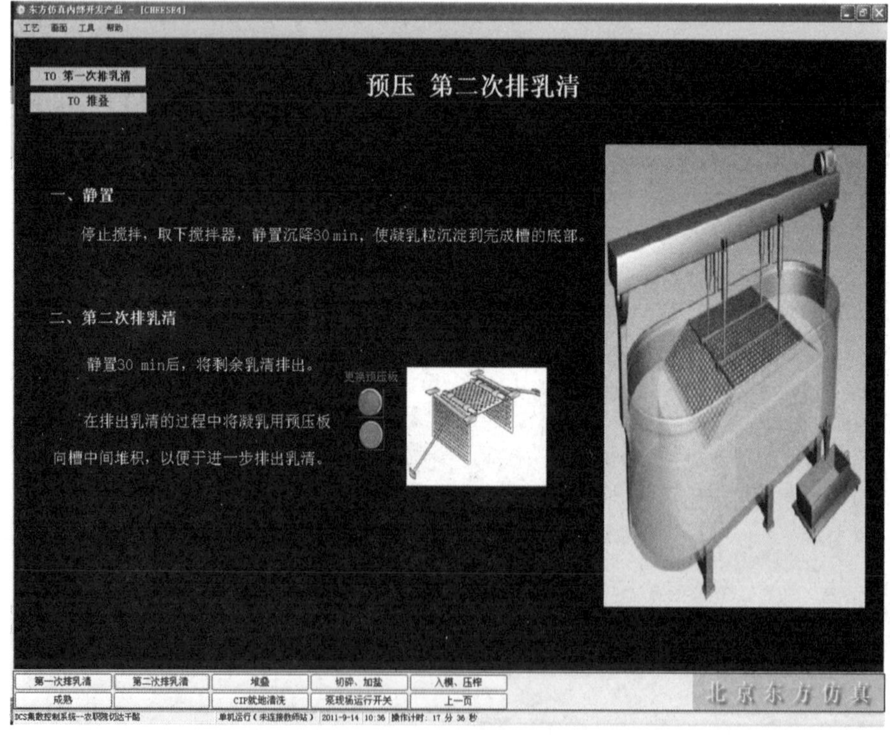

图 6-9　第二次排乳清

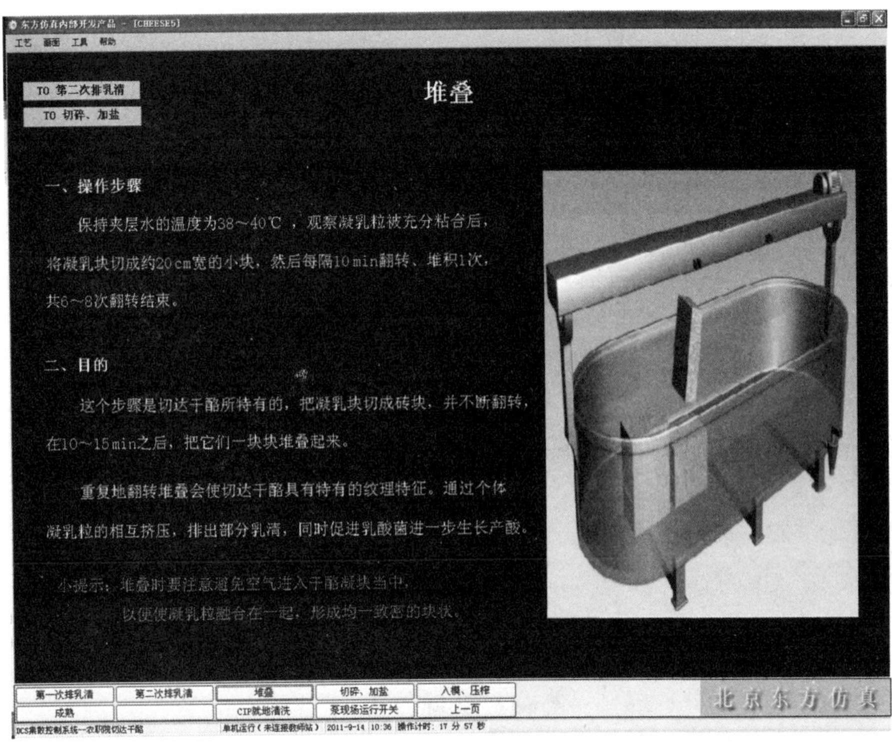

图 6-10　堆叠

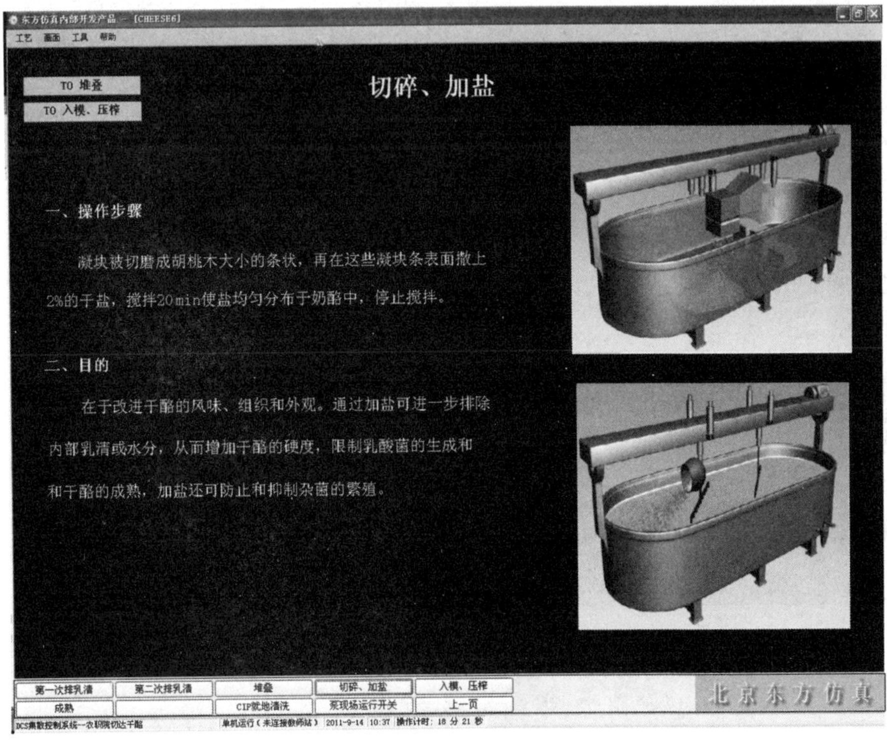

图 6-11　切碎、加盐

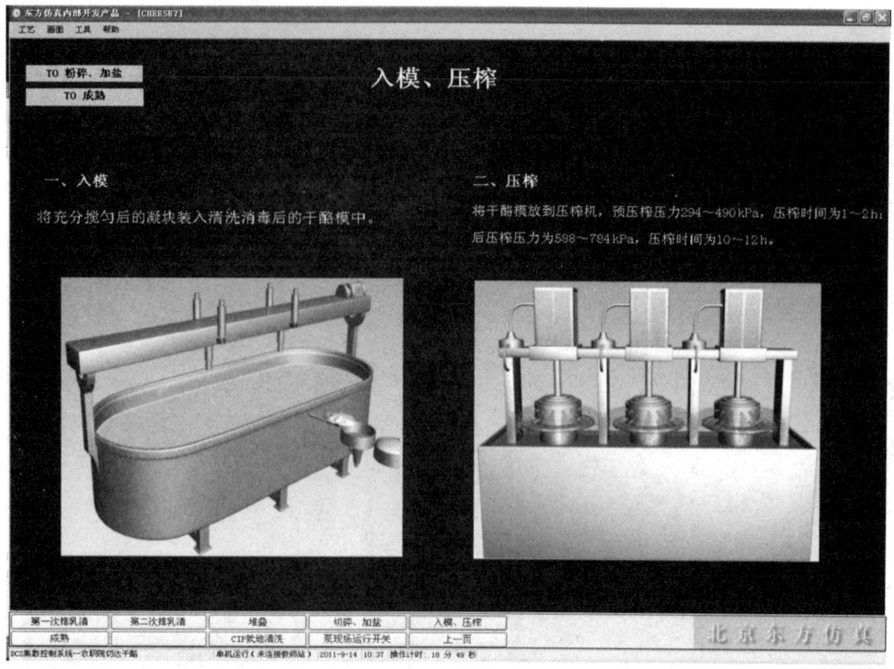

图 6-12　入模、压榨

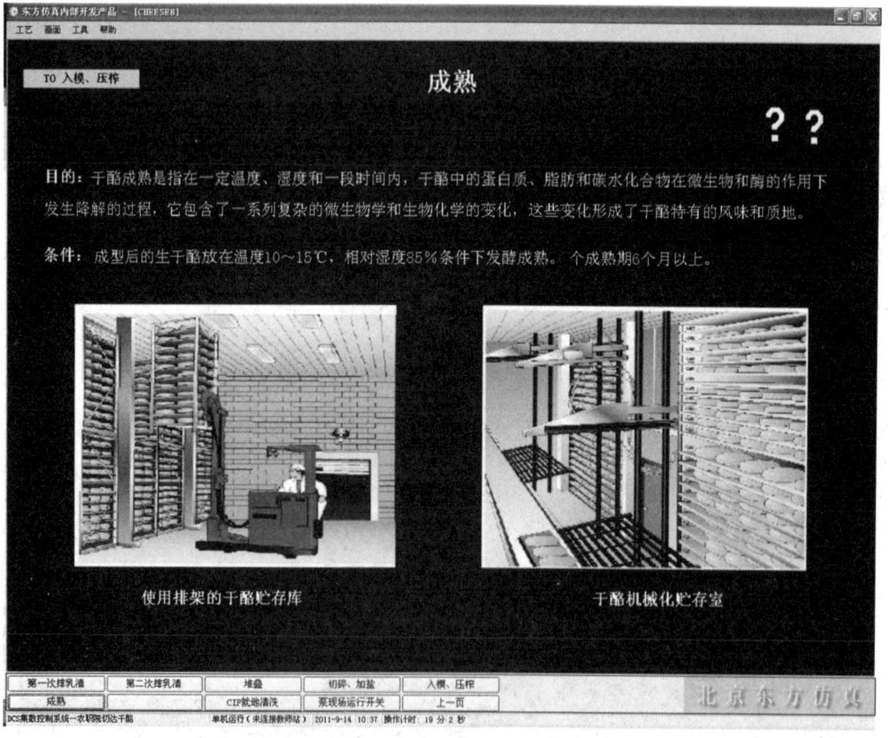

图 6-13　成熟界面